石材铺贴挂 从入门到精通

阳许倩 等 编著

中国电力出版社
CHINA ELECTRIC POWER PRESS

内 容 提 要

本书主要内容包括石材概述、具体石材、相关材料与配件、石材设计与加工、石材施工、石材的验收、检验与清洗、维护。

本书将石材施工现场"搬到"书中,从书中看到施工现场,是广大读者快速掌握石材铺贴挂技术的就业、就职、创业实用工匠读物。

本书适合装饰装修公司管理人员、装饰装修泥工,以及建筑职业学校的师生、建筑培训机构师生、灵活就业人员、新农村建筑装修建设人员等阅读与参考。另外,也适合瓷砖铺贴技师进阶学习石材铺贴挂技术参阅。

图书在版编目(CIP)数据

石材铺贴挂:从入门到精通/阳许倩等编著 .—北京:中国电力出版社,2021.5
ISBN 978-7-5198-5350-1

Ⅰ.①石… Ⅱ.①阳… Ⅲ.①砖石工 Ⅳ.①TU754

中国版本图书馆 CIP 数据核字(2021)第 022676 号

出版发行:中国电力出版社
地　　址:北京市东城区北京站西街 19 号(邮政编码 100005)
网　　址:http://www.cepp.sgcc.com.cn
责任编辑:莫冰莹(010-63412526)
责任校对:黄　蓓　王海南
装帧设计:赵姗姗
责任印制:杨晓东

印　　刷:三河市航远印刷有限公司
版　　次:2021 年 5 月第一版
印　　次:2021 年 5 月北京第一次印刷
开　　本:880 毫米×1230 毫米　32 开本
印　　张:7.625
字　　数:186 千字
定　　价:48.00 元

版 权 专 有　侵 权 必 究

本书如有印装质量问题,我社营销中心负责退换

前 言

石材铺贴挂施工已经成为装修行业、建筑行业中的一个重要的项目，越来越得到重视与普及。

石材铺贴挂施工是个技术活，需要学习、实践才能够掌握。因此，为使读者快速掌握石材铺贴挂技能，特策划、编写了本书。

本书共有6章组成，其中各章的特点如下：

第1章主要讲述了什么是石材、常见石材的种类概述、石材常见施工方法的概述等内容。

第2章主要讲述了大理石、石材马赛克、人造石英石、路缘石、干挂饰面天然石材、石材铝蜂窝复合板等内容。

第3章主要讲述了室内石材常用的干挂件、锚栓与锚件、水泥与混凝土等内容。

第4章主要讲述了建筑装饰室内石材工程设计的概述、建筑装饰室内石材工程弧形楼梯的设计与要求、石材花纹类型与特点、金属与石材幕墙工程的性能与构造等内容。

第5章讲述了石材施工，包括石材施工与安装的一般规定、建筑装饰室内石材工程、墙面柱面石材、石材铝蜂窝复合板吊顶、透水砖、路缘石（道牙）、树池、金属与石材幕墙、干挂石材等内容。

第6章主要讲述了石材的验收、石材工程的检验、石材清洗方法、石材维护等内容。

本书适合装饰装修公司管理人员、装饰装修泥工，以及建筑工程职业学校的师生、培训学校师生、灵活就业人员、新农村建筑装修建设人员等阅读与参考。另外，也适用瓷砖铺贴技师进阶学习石材铺贴挂技术参阅。

  本书的编写过程中，参考了一些珍贵的资料，在此，特向这些资料的作者表达谢意！

  由于时间有限，书中如有不足，敬请批评、指正。

编者

目 录

前言

第1章 石材概述

1.1 认识石材 … 1
1.2 石材常见施工方法 … 3
1.3 石材搬运、运输与储存 … 4

第2章 具体石材

2.1 大理石 … 5
    2.1.1 大理石概述 … 5
    2.1.2 天然大理石板材规格尺寸参考允许偏差 … 5

2.2 石材马赛克 … 6
    2.2.1 石材马赛克的概述 … 6
    2.2.2 定型石材马赛克尺寸允许偏差 … 6

2.3 人造石英石 … 7
    2.3.1 人造石英石主要性能 … 7
    2.3.2 建筑装饰用人造石英石板的常见规格 … 7
    2.3.3 建筑装饰用人造石英石板尺寸允许偏差 … 8

2.4 人造岗石 … 8

2.5 路缘石 … 9
    2.5.1 路缘石的概述 … 9

  2.5.2 路缘石结构名称与尺寸偏差技术要求 10
  2.5.3 Ⅰ型曲线立缘石放样图表 12
  2.5.4 Ⅰ型曲线平缘石放样图表 15
  2.5.5 内倒角Ⅱ型曲线立缘石参数 15
  2.5.6 内倒角Ⅱ型曲线平缘石参数 17

2.6 **干挂饰面天然石材** 18
  2.6.1 干挂饰面天然石材的分类 18
  2.6.2 干挂饰面天然石材的物理性能技术要求 19

2.7 **石材铝蜂窝复合板** 20
  2.7.1 石材铝蜂窝复合板构造 20
  2.7.2 石材铝蜂窝复合板的分类 20
  2.7.3 石材铝蜂窝复合板的标志方法 21
  2.7.4 石材铝蜂窝复合板的外形尺寸允许偏差 21
  2.7.5 石材铝蜂窝复合板主要性能 22

2.8 **混凝土普通砖与混凝土装饰砖** 22
  2.8.1 混凝土普通砖与混凝土装饰砖概述 22
  2.8.2 尺寸允许偏差与外观质量 23

2.9 **烧结路面砖** 24
  2.9.1 烧结路面砖的概述 24
  2.9.2 烧结路面砖主要规格尺寸 25
  2.9.3 烧结路面砖外观质量要求 25
  2.9.4 烧结路面砖尺寸允许偏差 25
  2.9.5 烧结路面砖抗压强度等需要符合的要求 25

2.10 **透水面板与透水砖** 26
  2.10.1 透水块材概述 26
  2.10.2 透水块材的尺寸偏差要求 27
  2.10.3 透水块材饰面层平整度的偏差要求 27
  2.10.4 透水块材抗折强度要求 28

- 2.10.5 透水块材劈裂抗拉强度要求 　　28
- 2.10.6 透水块材透水系数要求与透水块材外观质量要求 　　28
- 2.10.7 透水砖概述 　　29
- 2.10.8 砂基透水砖 　　33
- 2.10.9 广场透水砖 　　34
- 2.10.10 人行道彩色透水砖 　　35
- 2.10.11 停车场透水砖 　　36
- 2.10.12 PC透水砖 　　36
- 2.10.13 黄色透水盲道砖 　　37
- 2.10.14 水泥透水砖 　　37
- 2.10.15 室外透水砖 　　37

2.11 导盲砖　　37
- 2.11.1 导盲砖概述 　　37
- 2.11.2 提示导盲砖 　　38
- 2.11.3 行进导盲砖与警告导盲砖 　　39

2.12 护坡砖　　39
- 2.12.1 护坡砖概述 　　39
- 2.12.2 护坡植草砖 　　39
- 2.12.3 河道护坡砖 　　40
- 2.12.4 六角护坡砖 　　40
- 2.12.5 联锁式水工护坡砖 　　40

2.13 混凝土路面砖　　41
- 2.13.1 混凝土路面砖概述 　　41
- 2.13.2 码头砖 　　43
- 2.13.3 水泥铺地砖 　　43

2.14 其他　　43
- 2.14.1 板材平面度公差与参考允许公差 　　43
- 2.14.2 踏步石 　　44

		2.14.3	树池边框	45
		2.14.4	水沟盖板	46
		2.14.5	台阶与楼梯	47
		2.14.6	石栏杆（板）	49
		2.14.7	鹅卵石	50
		2.14.8	彩色路面砖	50
		2.14.9	草坪砖	51
		2.14.10	仿古砖	51

第3章　相关材料与配件

3.1	室内石材常用干挂件		53
	3.1.1	室内石材常用干挂件规格	53
	3.1.2	室内石材常用干挂件的使用要求	56
3.2	锚栓与锚件		58
	3.2.1	蒸压加气混凝土专用尼龙锚栓	58
	3.2.2	混凝土空心砌块专用尼龙锚栓	58
	3.2.3	简易锚件	59
3.3	填缝剂与密封胶		59
	3.3.1	石材工程填缝剂	59
	3.3.2	石材用建筑密封胶	60
3.4	金属与石材幕墙工程材料		62
	3.4.1	金属与石材幕墙工程材料概述	62
	3.4.2	金属材料	62
	3.4.3	建筑密封材料	64
	3.4.4	硅酮结构密封胶	65
	3.4.5	幕墙材料的线膨胀系数	66
	3.4.6	幕墙材料的泊松比	66
	3.4.7	幕墙材料的弹性模量	66

		3.4.8 耐候钢的强度设计值	67
		3.4.9 常用不锈钢型材和棒材的强度设计值	67
		3.4.10 铝合金型材的强度设计值	68
3.5		水泥与混凝土	69
		3.5.1 水泥概述	69
		3.5.2 道路硅酸盐水泥	74
		3.5.3 混凝土	74

第4章 石材设计与加工

4.1	石材设计	77
	4.1.1 建筑装饰室内石材工程	77
	4.1.2 金属与石材幕墙工程	85
	4.1.3 石材花纹	90
4.2	石材加工	95
	4.2.1 建筑装饰室内石材工程	95
	4.2.2 金属与石材幕墙工程	108

第5章 石材施工

5.1	建筑装饰室内石材工程施工	112
	5.1.1 一般规定	112
	5.1.2 施工准备	113
	5.1.3 钢骨架施工	113
	5.1.4 墙面、柱面石材施工	115
	5.1.5 石材地面施工	118
	5.1.6 石材铝蜂窝复合板吊顶施工	121
	5.1.7 石材护理的施工	123
5.2	路面砖（石）施工	125
	5.2.1 路面砖（石）铺装施工结构图示	125

	5.2.2 路面砖的缝隙特点	126
5.3	**人行道（步道）的铺装**	127
	5.3.1 一般规定	127
	5.3.2 透水人行道（步道）的铺装结构类型	132
	5.3.3 人行道（步道）切块铺装图形	135
5.4	**园林道路施工**	139
	5.4.1 概述	139
	5.4.2 卵石嵌花面层与嵌草砖面层的园林道路铺装	140
5.5	**透水砖的施工**	143
	5.5.1 施工要求概述	143
	5.5.2 施工工艺流程	152
	5.5.3 施工结构图示	152
	5.5.4 施工验收	153
5.6	**路缘石施工**	154
	5.6.1 施工概述	154
	5.6.2 路缘石垫层的类型与选择	158
	5.6.3 路缘石（道牙）靠背的类型	158
	5.6.4 路缘石与路面共用基层的施工	160
	5.6.5 路缘石铺装	161
5.7	**树池边框**	165
	5.7.1 树池的一些拼装图解	165
	5.7.2 透水彩石树池铺装一般规定与结构层	168
	5.7.3 透水彩石树池铺装施工准备与各层的施工要求	169
	5.7.4 透水彩石树池铺装施工验收检查	170
5.8	**金属与石材幕墙工程**	171
	5.8.1 石材的要求	171
	5.8.2 金属与石材幕墙工程施工要求	171

5.9	干挂饰面天然石材	175
	5.9.1 石材干挂的概述	175
	5.9.2 干挂饰面天然石材安装孔加工尺寸与参考允许偏差	176
	5.9.3 干挂石材安装通槽（短平槽、弧形短槽）、短槽和碟形背卡槽加工尺寸与允许偏差	176
	5.9.4 石材框架幕墙连接方式	178
	5.9.5 干挂石材的主要步骤	193
5.10	其他	200
	5.10.1 混凝土空心砌块专用尼龙锚栓的安装	200
	5.10.2 蒸压加气混凝土专用尼龙锚栓的安装	200
	5.10.3 石台阶的施工与安装	200
	5.10.4 小区花岗石路面的施工	202
	5.10.5 广场铺装的施工	202
	5.10.6 路侧带的布置	204

第6章 石材的验收、检验与清洗、维护

6.1	石材的验收	208
	6.1.1 检验批的划分	208
	6.1.2 石材工程检查数量的确定	209
	6.1.3 石材工程的复验与验收	210
6.2	石材工程的检验	213
	6.2.1 墙面、柱面石材面板工程的检验	213
	6.2.2 石材铝蜂窝复合板吊顶工程的检验	216
	6.2.3 石材地面工程的检验	218
	6.2.4 石材护理工程的检验	221
	6.2.5 石材幕墙的检验	222
	6.2.6 仿古建工程石构件安装的检验	223

  6.2.7 仿古建工程仿古面砖镶贴的检验   224
  6.2.8 仿古建工程石砌体的检验   225
  6.2.9 石栏杆安装的检验   225
6.3 石材清洗方法   226
6.4 石材维护保养与护理知识   227
  6.4.1 石材维护保养   227
  6.4.2 石材护理知识   228
  6.4.3 幕墙的保护清洗与保养维修   229

参考文献   231

第1章 石材概述

1.1 认识石材

石材具有一定强度和稳定性，可加工，是一种具有建筑、装饰双重功能的材料，石材与其应用如图1-1所示。常见的石材有天然石材和人造石材。

图1-1 石材与其应用（一）

图 1-1 石材与其应用(二)

1. 天然石材

天然石材是从岩浆岩、变质岩、沉积岩等天然岩体中开采出来，未经加工或者经过加工、整形，制成块状、板状、柱状以及特定形状的材料的一种总称。天然石材的主要性能见表 1-1。其中，选择的花岗石，其放射性需符合《建筑材料放射性核素限量》(GB 6566—2010)等有关规定。

表 1-1 天然石材的主要性能

项 目	石灰石	砂岩	板石 地面	板石 墙面	花岗石	大理石
干燥压缩强度/MPa	≥28.0	≥68.9	—		≥100.0	≥50.0
干燥及水饱和弯曲强度平均值/MPa	≥3.4	≥6.0	≥10.0	≥50.0	≥8.0	≥7.0
干挂石材剪切强度平均值/MPa	≥1.7	≥3.5	—		≥4.0	≥3.5
耐磨性/cm^{-3}	≥10	≥8	≥8		≥25	≥10
体积密度/(g/cm^3)	≥2.16	≥2.40	—		≥2.56	≥2.6
吸水率/%	≤7.5	≤3.0	≤0.45		≤0.6	≤0.5

2. 人造石材

人造石材是一种人工合成的装饰材料、建筑材料，是人造大理石、人造花岗石的总称。人造石材所用的原材料主要有：骨料、装饰料、树脂、填料、色料、固化剂、促进剂等。人造石材所使用的树脂主要有不饱和聚酯树脂、甲基丙烯酸甲酯等。建筑装饰用人造石英石板以石英晶粒或硅砂为主要填料，可添加其他功能材料，经与黏合材料混合、成形、固化而成的装饰板材。人造石英石板按产品用途分类见图1-2。

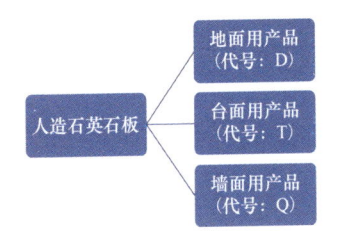

图1-2 人造石英石板按产品用途分类

决定人造石材使用性能的因素主要有密度、耐磨度、抗折强度、吸水率、莫氏硬度、抗压强度、线性热膨胀系数、耐酸性、光泽度等。

1.2 石材常见施工方法

石材常见的施工方法如下：

(1) 干粘法。采用非水性胶黏剂粘贴石材形成饰面的一种施工方法。

(2) 湿贴法。采用水性胶黏剂粘贴石材形成饰面的一种施工方法。

(3) 干挂法。采用金属等挂件将石材牢固悬挂在结构体上形成饰面的一种施工方法。

1.3 石材搬运、运输与储存

1. 石材搬运、运输

石材的搬运、运输的要求如下：

（1）大型石材板材应用起重工具进行搬运，其受力边棱应衬垫。

（2）木箱包装的石材板材，用起重设备装卸时，一般每次宜吊装一箱。

（3）石材安放要稳固，防止窜动、倾倒。

（4）石材板材单块面积超过 $0.25m^2$ 时需要直立搬运。

（5）石材板材装车码放时，应根据储存的要求进行。

（6）石材应轻装轻放，不得摔滚撞击。

（7）石材运输中，需要保持平稳，不得超速超载等情况。

（8）石材直立码放时，禁止石材正面边棱先着地。

2. 石材储存

石材储存的要求如下：

（1）包装后的石材板材码放高度一般不得超过 2m。

（2）石材板材不能直立码放时，要光面相对，地面要平整坚实，层间支垫点要在同一垂直线上，垛高不得超过 1m。

（3）石材板材直立码放时，需要两正面相对，并且倾斜度不得大于 10°，垛高不得超过 1.6m，底面、层间可以用无污染的弹性材料来支垫。

（4）石材储存于室外时，需要防止日晒雨淋。

（5）石材的储存，需要防止污染、浸水和腐蚀。

第 2 章 具体石材

2.1 大 理 石

2.1.1 大理石概述

大理石是由沉积岩、沉积岩的变质岩形成，往往伴随有生物遗体的纹理。大理石主要成分是碳酸钙，有的大理石含有二氧化硅，有的不含有二氧化硅。大理石硬度较低，呈弱碱性。大理石耐酸碱性差，一般不做室外饰面板材。

天然大理石建筑板材分类见表 2-1。

表 2-1　　　　　　天然大理石建筑板材

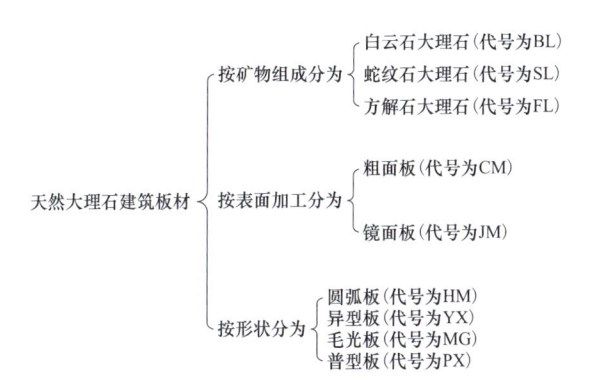

$$\text{天然大理石建筑板材}\begin{cases}\text{按矿物组成分为}\begin{cases}\text{白云石大理石（代号为BL）}\\\text{蛇纹石大理石（代号为SL）}\\\text{方解石大理石（代号为FL）}\end{cases}\\\text{按表面加工分为}\begin{cases}\text{粗面板（代号为CM）}\\\text{镜面板（代号为JM）}\end{cases}\\\text{按形状分为}\begin{cases}\text{圆弧板（代号为HM）}\\\text{异型板（代号为YX）}\\\text{毛光板（代号为MG）}\\\text{普型板（代号为PX）}\end{cases}\end{cases}$$

2.1.2 天然大理石板材规格尺寸参考允许偏差

天然大理石板材规格尺寸参考允许偏差见表 2-2。

表 2-2　　　天然大理石板材规格尺寸参考允许偏差　　（单位：mm）

项　目		优等天然 大理石板材	一等天然 大理石板材	合格天然 大理石板材
长度、宽度		0 −1	0 −1	0 −1.5
厚度	≤15	±0.8	±0.5	±1
	>15	+1 −2	+0.5 −1.5	±2

2.2 石材马赛克

2.2.1 石材马赛克的概述

石材马赛克用于建筑装饰用的由多颗表面面积不大于 $50cm^2$ 石粒与背衬粘贴成联的石材砖。石材马赛克根据形状分为定型石材马赛克、非定型石材马赛克。定型石材马赛克每颗石粒均为规则形状的石材马赛克；非定型石材马赛克每联砖中石粒呈不规则形状的石材马赛克。

选择石材马赛克时，石材马赛克正面不应有影响装饰效果的缺陷，并且石材马赛克的图案需要符合设计等有关要求。有同色要求时，石材马赛克的颜色要基本一致。以板状供货的石材马赛克，石粒与基板间的平拉黏结强度一般不应小于 0.5MPa；以联状供货的石材马赛克，经背衬黏结性试验后一般不应有石粒脱落。

2.2.2 定型石材马赛克尺寸允许偏差

定型石材马赛克尺寸允许偏差见表 2-3。

表 2-3　　　　定型石材马赛克尺寸允许偏差　　（单位：mm）

项　目	偏　差
石粒的长度、宽度、厚度	±0.5
线路和联长	±1.0

2.3 人造石英石

2.3.1 人造石英石主要性能

人造石英石主要性能见表 2-4。

表 2-4　　　　　人造石英石主要性能

项目	类型	
	墙面用类	地面用类
耐磨性能/(g/cm^2)	\$\leqslant 3.5\times 10^{-3}\$	
弯曲强度/MPa	$\geqslant 35$	
尺寸稳定性能/mm	$\leqslant 0.06$	
压缩强度/MPa	—	$\geqslant 150$
线膨胀系数/℃$^{-1}$	$\leqslant 4\times 10^{-5}$	
湿膨胀系数/(mm/m)	$\leqslant 0.5$	

2.3.2 建筑装饰用人造石英石板的常见规格

建筑装饰用人造石英石板的常见规格见表 2-5。

表 2-5　　　　建筑装饰用人造石英石板的常见规格

项目	类型		
	墙面用类	地面用类	台面用类
边长/mm	300、450、600、800、1000、1200	300、450、600、800	760、1400、1520、1600、2000、2440、3000、3050、3150、3200
厚度/mm	12[a]、15、18、20、25、30		

a　12mm 厚规格的产品不宜于地面和架空使用。

2.3.3 建筑装饰用人造石英石板尺寸允许偏差

建筑装饰用人造石英石板尺寸允许偏差见表2-6。

表2-6　建筑装饰用人造石英石板尺寸允许偏差

项目	类型		
	墙面用类	地面用类	台面用类
边长允许偏差/mm	−1~0		
厚度允许偏差/mm	±1.0		0.0~1.0
边直度允许偏差/%	±0.2		±0.1
平整度允许偏差/%	±0.2		
对角线长度差允许偏差/mm	≤2		

2.4 人造岗石

人造岗石主要性能见表2-7。

表2-7　人造岗石主要性能

项目	类型	
	墙面用类	地面用类
抗滑值	—	≥45
压缩强度/MPa	≥80	
弯曲强度（骨料粒径≤6mm）/MPa	≥15	
尺寸稳定性能/mm	<0.06	
线膨胀系数/℃$^{-1}$	≤4.0×10^{-5}	≤2.3×10^{-5}
湿膨胀系数/（mm/m）	—	≤0.5
静摩擦系数	—	≥0.5

2.5 路缘石

2.5.1 路缘石的概述

路缘石也叫作路牙石、路边石、牙石、路沿石等,其主要是指用石料或者混凝土浇筑成形的条块状物体用在路面边缘的界石。路缘石主要用在路面上区分人行道、车行道、绿地、隔离带与道路其他部分的界线,起到保障行人、车辆交通安全与保证路面边缘整齐等作用。

根据用料,路缘石可以分为混凝土路缘石、石材路缘石。

根据路缘石截面形状,路缘石可以分为 T 型路缘石、R 型路缘石、F 型路缘石、TF 型立缘石、P 型平缘石、H 型路缘石等,具体见图 2-1 路缘石截面类型。

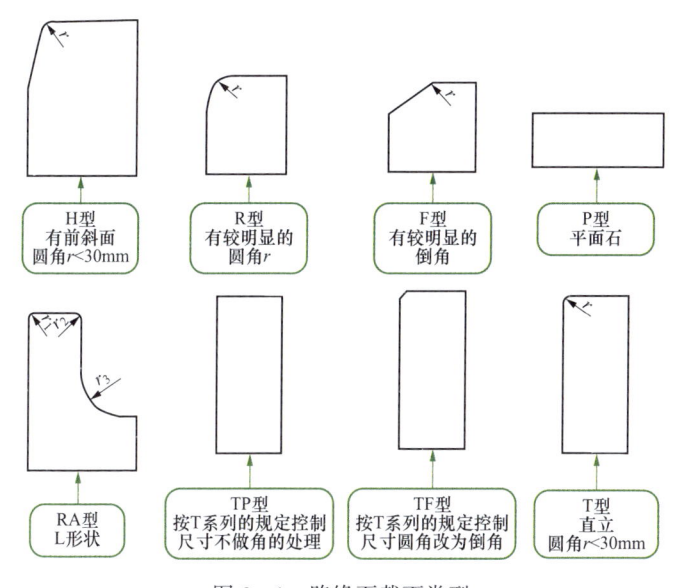

图 2-1 路缘石截面类型

根据路缘石的线形，路缘石可以分为梯形路缘石、直线形路缘石、曲线形路缘石。

根据安装形式，路缘石可以分为立式路缘石、斜式路缘石、平式路缘石等。

一般情况下，用得最多的是直线形路缘石。道路交叉口，往往需要采用圆弧路缘石，并且其一般高出路面15cm。直线形路缘石的长度一般为1000mm、750mm、500mm等。

圆弧路缘石也叫作圆弧路牙石、圆弧道牙石等。常见的圆弧路缘石一般是采用混凝土等预制而成。市政工程中普遍采用的是混凝土预制圆弧路缘石。

曲线形路缘石按立缘石侧面线形分为外倒角曲线形路缘石、内倒角曲线形路缘石，图例见图2-2。外倒角曲线形路缘石又分为Ⅰ型曲线路缘石和Ⅱ型曲线路缘石。其中，Ⅰ型曲线路缘石按实际圆弧曲线制作，曲线半径为0.5~1.75m。Ⅱ型曲线路缘石曲线按折线处理，曲线弦长250mm，仅用于曲线半径0.5m~1.75m，曲线半径大于1.75m时，采用曲线弦长500mm的规格。曲线半径以立缘石侧面所在的位置为准。曲线半径系列有0.5m、0.75m、1m、1.25m、1.5m、1.75m、2m、2.25m、2.5m、2.75m、3m、3.5m、4m、4.5m、5m、5.5m、6m、6.5m、7m、7.5m、8m、10m、12m、15m、20m、25m、30m、35m等。

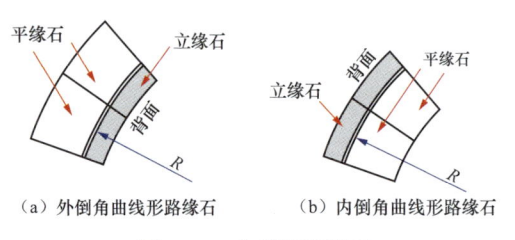

（a）外倒角曲线形路缘石　　（b）内倒角曲线形路缘石

图2-2　曲线形路缘石

2.5.2　路缘石结构名称与尺寸偏差技术要求

路缘石的结构名称如图2-3所示。路缘石尺寸偏差技术要求见表 2-8。

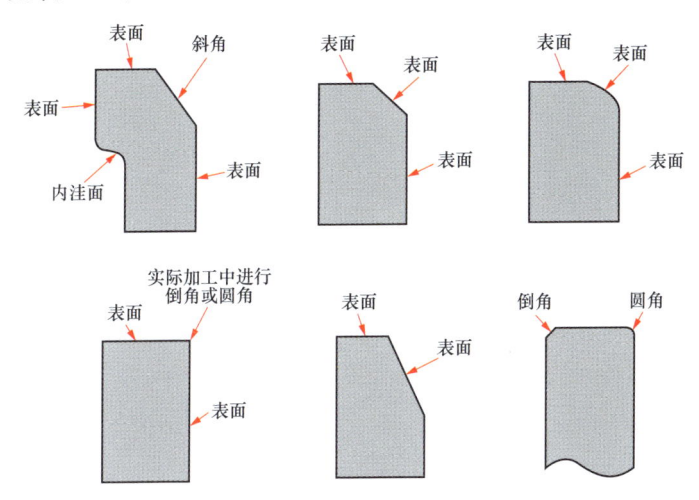

图 2-3　路缘石的结构名称

表 2-8　　　　　　　　路缘石尺寸偏差技术要求

项　目		技术要求	
		A 级	B 级
斜面尺寸偏差（适用于带有斜面的路缘石）/mm	精细面	±2	±5
	细面	±5	±5
	粗面	±10	±15
平面度公差（适用于直线路缘石）/mm	细面或精细面	2	3
	粗面	5	6
垂直度公差/mm		5	7
长度、宽度偏差/mm	两个细面或精细面间	±2	±3
	细面或精细面与粗面间	±4	±5
	两个粗面间	±8	±10
高度偏差/mm	两个细面或精细面间	±5	±10
	细面或精细面与粗面间	±10	±15
	两个粗面间	±15	±20

2.5.3 Ⅰ型曲线立缘石放样图表

Ⅰ型曲线立缘石放样图表见表2-9。

Ⅰ型曲线立缘石放样图（$R=0.5\sim1.75\mathrm{m}$）如图2-4所示。

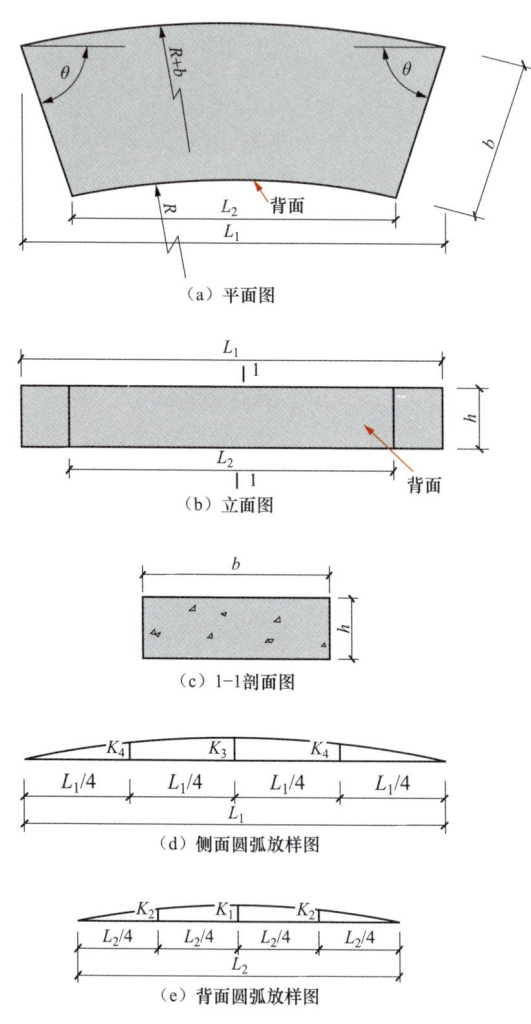

图2-4 Ⅰ型曲线立缘石放样图（$R=0.5\sim1.75\mathrm{m}$）

表 2-9　Ⅰ型曲线立缘石放样表（$R=0.5\sim1.75\mathrm{m}$）

圆弧半径 /m	1/2圆弧长块数	弦与半径夹角 $\theta/(°)$	侧面弦长 L_1/mm	侧面弦外距 K_1/mm	侧面弦外距 K_2/mm	缘石宽度 $b=80\mathrm{mm}$ 背面弦长 L_2/mm	K_3/mm	K_4/mm
$R=0.5$	3	60	500	67	51	420	56	43
$R=0.75$	4	67.5	574	57	43	513	51	39
$R=1.00$	6	75	518	34	26	476	31	24
$R=1.25$	7	77.14	556	31	24	521	29	22
$R=1.50$	9	80	521	23	17	493	22	16
$R=1.75$	10	81	548	22	16	522	21	15

圆弧半径 /m	缘石宽度 $b=100\mathrm{mm}$ 背面弦长 L_2/mm	K_3/mm	K_4/mm	缘石宽度 $b=120\mathrm{mm}$ 背面弦长 L_2/mm	K_3/mm	K_4/mm	缘石宽度 $b=150\mathrm{mm}$ 背面弦长 L_2/mm	K_3/mm	K_4/mm	缘石宽度 $b=180\mathrm{mm}$ 背面弦长 L_2/mm	K_3/mm	K_4/mm
$R=0.5$	400	54	41	380	51	39	350	47	36	320	43	33
$R=0.75$	497	49	37	482	48	36	459	46	35	436	43	33
$R=1.00$	466	31	23	456	30	23	440	29	22	424	28	21

续表

圆弧半径/m	缘石宽度 b=100mm 背面弦长 L₂/mm	K₃/mm	K₄/mm	缘石宽度 b=120mm 背面弦长 L₂/mm	K₃/mm	K₄/mm	缘石宽度 b=150mm 背面弦长 L₂/mm	K₃/mm	K₄/mm	缘石宽度 b=180mm 背面弦长 L₂/mm	K₃/mm	K₄/mm
R=1.25	512	29	22	503	28	21	490	28	21	476	27	20
R=1.50	486	21	16	479	21	16	469	21	15	458	20	15
R=1.75	516	20	15	510	20	15	501	20	15	491	19	15

圆弧半径/m	缘石宽度 b=200mm 背面弦长 L₂/mm	K₃/mm	K₄/mm	缘石宽度 b=220mm 背面弦长 L₂/mm	K₃/mm	K₄/mm	缘石宽度 b=240mm 背面弦长 L₂/mm	K₃/mm	K₄/mm	缘石宽度 b=250mm 背面弦长 L₂/mm	K₃/mm	K₄/mm
R=0.5	300	40	31	280	38	29	260	35	27	250	33	26
R=0.75	421	42	32	406	40	31	390	39	29	383	38	29
R=1.00	414	27	21	404	27	20	393	26	20	388	26	19
R=1.25	467	26	20	458	26	19	449	25	19	445	25	19
R=1.50	451	20	15	445	19	15	438	19	14	434	19	14
R=1.75	485	19	14	479	19	14	472	19	14	469	18	14

2.5.4　Ⅰ型曲线平缘石放样图表

Ⅰ型曲线平缘石放样表见表2-10。

表2-10　　Ⅰ型曲线平缘石放样表（$R=0.5\sim1.75\mathrm{m}$）

圆弧半径/m	1/2圆弧长块数	弦与半径夹角 θ'/(°)	背面弦长 L_1/mm	背面弦外距 K_1/mm	背面弦外距 K_2/mm	平缘石宽度 $b=150\mathrm{mm}$ 侧面弦长 L_2/mm	K_3/mm	K_4/mm	平缘石宽度 $b=300\mathrm{mm}$ 侧面弦长 L_2/mm	K_3/mm	K_4/mm	平缘石宽度 $b=500\mathrm{mm}$ 侧面弦长 L_2/mm	K_3/mm	K_4/mm
$R=0.5$	4	67.5	383	38	29	497	49	37	612	61	46	765	76	58
$R=0.75$	5	72	464	37	28	556	44	33	649	51	39	773	61	46
$R=1.00$	6	75	518	34	26	595	39	30	673	44	33	776	51	38
$R=1.25$	7	77.14	556	31	24	623	35	26	690	39	29	779	44	33
$R=1.50$	9	80	521	23	17	573	25	19	625	27	21	695	30	23
$R=1.75$	10	81	548	22	16	594	23	18	641	25	19	704	28	21

Ⅰ型曲线平缘石放样图如图2-5所示。

2.5.5　内倒角Ⅱ型曲线立缘石参数

内倒角Ⅱ型曲线立缘石参数如图2-6所示。

内倒角Ⅱ型曲线立缘石参数（$L=500\mathrm{mm}$）见表2-11。

图2-5　Ⅰ型曲线平缘石放样图

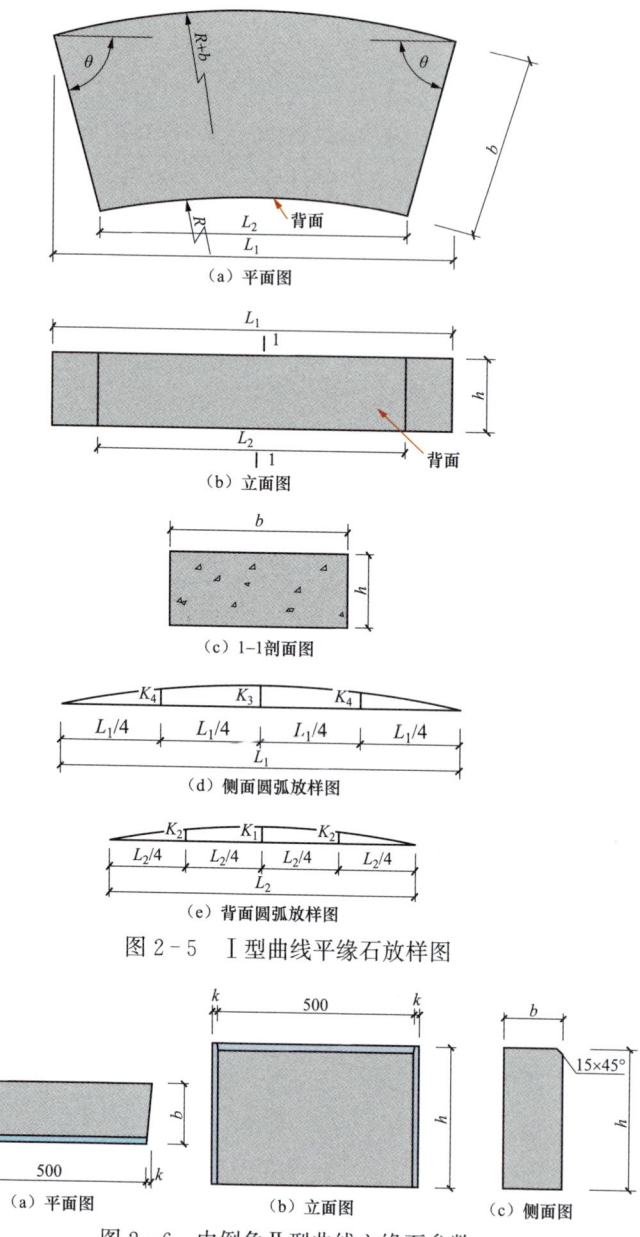

图2-6　内倒角Ⅱ型曲线立缘石参数

表 2-11　　　内倒角Ⅱ型曲线立缘石参数（$L=500\text{mm}$）

宽度 b/mm	半径 R/m	参数 k/mm
80~150	≥6.00	0
180	≥7.00 6.00~6.50	0 13
200	≥8.00 6.00~7.50	0 13
220	≥10.00 6.00~8.00	0 13
240~250	≥10.00 6.00~8.00	0 13

2.5.6　内倒角Ⅱ型曲线平缘石参数

内倒角Ⅱ型曲线平缘石参数（$L=500\text{mm}$）见表 2-12。

表 2-12　　　内倒角Ⅱ型曲线平缘石参数（$L=500\text{mm}$）

宽度 b/mm	半径 R/m	参数 k/mm
150	≥6.00	0
300	≥12 6.00~10.00	0 13
500	≥20.00 6.50~15.00 6.00~6.50	0 13 25

内倒角Ⅱ型曲线平缘石参数如图 2-7 所示。

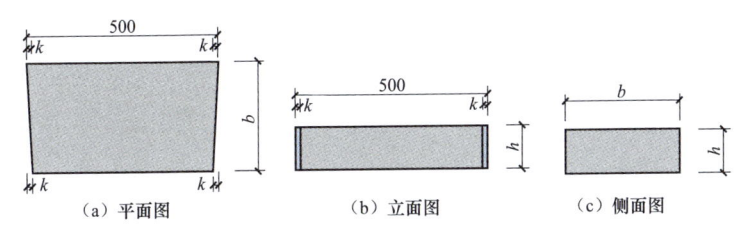

图 2-7　内倒角Ⅱ型曲线平缘石参数

2.6 干挂饰面天然石材

2.6.1 干挂饰面天然石材的分类

干挂饰面天然石材的分类如图2-8所示。

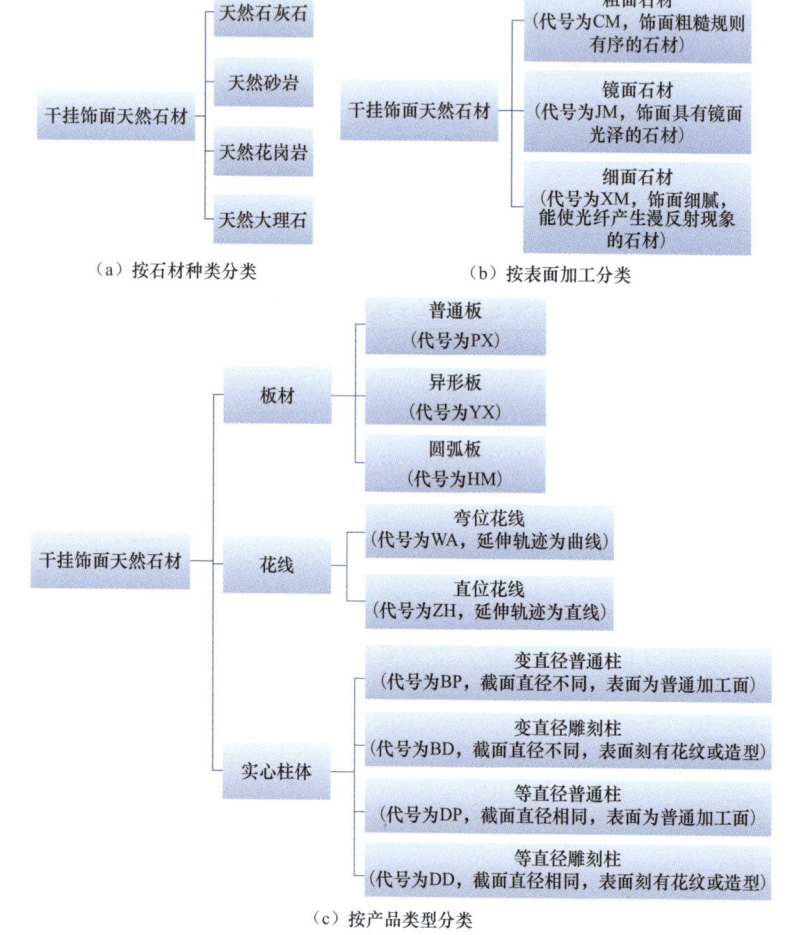

干挂饰面天然石材
- 天然石灰石
- 天然砂岩
- 天然花岗岩
- 天然大理石

（a）按石材种类分类

干挂饰面天然石材
- 粗面石材（代号为CM，饰面粗糙规则有序的石材）
- 镜面石材（代号为JM，饰面具有镜面光泽的石材）
- 细面石材（代号为XM，饰面细腻，能使光纤产生漫反射现象的石材）

（b）按表面加工分类

干挂饰面天然石材
- 板材
  - 普通板（代号为PX）
  - 异形板（代号为YX）
  - 圆弧板（代号为HM）
- 花线
  - 弯位花线（代号为WA，延伸轨迹为曲线）
  - 直位花线（代号为ZH，延伸轨迹为直线）
- 实心柱体
  - 变直径普通柱（代号为BP，截面直径不同，表面为普通加工面）
  - 变直径雕刻柱（代号为BD，截面直径不同，表面刻有花纹或造型）
  - 等直径普通柱（代号为DP，截面直径相同，表面为普通加工面）
  - 等直径雕刻柱（代号为DD，截面直径相同，表面刻有花纹或造型）

（c）按产品类型分类

图2-8 干挂饰面天然石材的分类（一）

```
              ┌─── A级
干挂饰面天然石材 ┼─── B级
              └─── C级
```

（d）按尺寸偏差、平面度、直线度与线轮廓度公差、角度公差外观质量分类

图 2-8 干挂饰面天然石材的分类（二）

2.6.2 干挂饰面天然石材的物理性能技术要求

干挂饰面天然石材物理性能技术要求见表 2-13。

表 2-13　　干挂饰面天然石材物理性能技术要求

项目	技术指标			
	天然石灰石	天然砂岩	天然花岗石	天然大理石
体积密度/（g/cm²）≥	2.30	2.40	2.56	2.60
吸水率/% ≤	2.50	3.00	0.40	0.50
干燥/水饱和 压缩强度/MPa ≥	34	70	130	50
干燥/水饱和 弯曲强度/MPa ≥	4.0	6.9	8.3	7.0
抗冻系数/% ≥	80	80	80	80

做幕墙饰面的石材宜选用花岗岩，也可选用大理石、石灰岩、石英砂岩等。幕墙石材面板的性能需要满足建筑物所在地的地理、环境、气候、幕墙功能等要求。幕墙石材的要求见表 2-14。

表 2-14　　　　幕墙石材的要求

项目	天然大理石	天然花岗岩	其他石材	
吸水率/%	≤0.5	≤0.6	≤5	≤5
单块面积/m²	不宜大于 1.5	不宜大于 1.5	不宜大于 1.5	不宜大于 1

续表

项目	天然大理石	天然花岗岩	其他石材	
最小厚度/mm	≥35	≥25	≥35	≥40
弯曲强度标准值 f（干燥及水饱和）/MPa	≥7	≥8	≥8	8≥f≥4

知识小提示：

弯曲强度标准值小于 8.0MPa 的石材面板，需要采取构造措施，以保证面板的可靠性。

2.7 石材铝蜂窝复合板

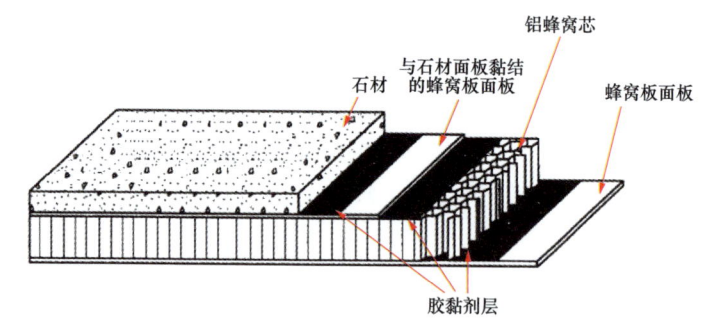

2.7.1 石材铝蜂窝复合板构造

石材铝蜂窝复合板是天然石材与铝蜂窝板、钢蜂窝板或玻纤蜂窝板黏结而成的一种板材。

石材铝蜂窝复合板构造如图 2-9 所示。

图 2-9 石材铝蜂窝复合板构造

2.7.2 石材铝蜂窝复合板的分类

石材铝蜂窝复合板的分类见表 2-15。

表 2-15　　　　　　　石材铝蜂窝复合板的分类

分类方法	类型	备　注
按蜂窝板种类分类	玻纤蜂窝板	代号为 B，以铝蜂窝为芯材，两面黏结玻纤板（玻璃纤维增强树脂板）
	铝蜂窝板	代号为 L，以铝蜂窝为芯材，两面黏结铝板
	钢蜂窝板	代号为 G，以铝蜂窝为芯材，两面黏结镀铝锌钢板
按用途分类	外装饰板	代号为 W
	内装饰板	代号为 N
按石材种类分类	花岗石	代号为 HG
	砂岩	代号为 SY
	大理石	代号为 DL
	石灰石	代号为 SH
按石材表面加工程度分类	亚光面	代号为 Y
	镜面	代号为 J
	粗面	代号为 C

2.7.3　石材铝蜂窝复合板的标志方法

石材铝蜂窝复合板的标志方法如图 2-10 所示。

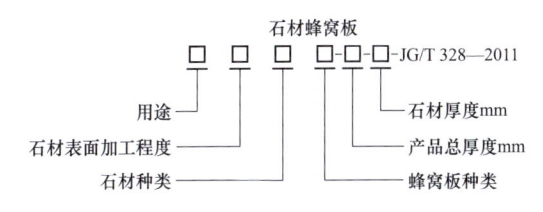

图 2-10　石材铝蜂窝复合板的标志方法

2.7.4　石材铝蜂窝复合板的外形尺寸允许偏差

石材铝蜂窝复合板的外形尺寸允许偏差见表 2-16。

表 2-16　石材铝蜂窝复合板的外形尺寸允许偏差

项目		允许偏差要求	
		亚光面、镜面板	粗面板
对角线差/mm	≤1000	≤2.0	
	>1000	≤3.0	
边直度	每米长度/mm	≤1.0	
面平整度	每米长度/mm	≤1.0	≤2.0
边长/mm		0.0 -1.0	
厚度/mm		±1.0	+2.0 -1.0

2.7.5　石材铝蜂窝复合板主要性能

石材铝蜂窝复合板主要性能见表 2-17。

表 2-17　石材铝蜂窝复合板主要性能

项目	性能要求
滚筒剥离强度（N·mm/mm）	平均值≥40，最小值≥30
平拉黏结强度/MPa	平均值≥0.6，最小值≥0.4
弯曲刚度/（N·mm^2）	≥1.0×10^8
平压强度/MPa	≥0.6
平面剪切强度/MPa	≥0.4

2.8　混凝土普通砖与混凝土装饰砖

2.8.1　混凝土普通砖与混凝土装饰砖概述

混凝土普通砖一般是以水泥、普通集料或轻集料为主要原料，经原料制备、加压或振动加压、养护而制成。混凝土普通砖主要用于工业与民用建筑基础、墙体的实心砖。混凝土普通砖常见规格为 240mm×115mm×53mm 等，其规格尺寸可以定制。

混凝土装饰砖一般是用于清水墙，或者带有装饰面的普通砖。混凝土装饰砖常见规格为 40mm×115mm×53mm 等，其规格尺寸可以定制。

混凝土普通砖与混凝土装饰砖类型见表 2-18。强度等级小于 MU10 的砖只能用于非承重部位。

表 2-18　　　　混凝土普通砖与混凝土装饰砖类型

分类方法	类　　型
按密度等级分类	500、600、700、800、900、1000、1200 等级
按抗压强度分类	MU30、MU25、MU20、MU15、MU10、MU7.5、MU3.5 等级
按尺寸偏差、外观质量、吸水率分类	优等品（A）、一等品（B）、合格品（C）等级

2.8.2　尺寸允许偏差与外观质量

混凝土普通砖与混凝土装饰砖尺寸允许偏差需要符合表 2-19 的规定。

表 2-19　　混凝土普通砖与混凝土装饰砖尺寸允许偏差　（单位：mm）

公称尺寸	一等品 样本平均偏差	一等品 样本极差 ≤	合格品 样本平均偏差	合格品 样本极差 ≤	优等品 样本平均偏差	优等品 样本极差 ≤
240	±2.5	7	±3.0	8	±2.0	7
115	±2.0	6	±2.5	7	±1.5	6
53	±1.6	5	±2.0	6	±1.5	4

混凝土普通砖与混凝土装饰砖外观质量要求见表 2-20。

表 2‐20　　　　混凝土普通砖与混凝土装饰砖外观质量要求

（单位：mm）

项　　目	一等品	合格品	优等品
两条面高度差 ≤	3	4	2
缺棱掉角的三个破坏尺寸　不得同时大于	20	30	10
裂纹长度 ≤	30	40	20
完整面　不得少于	一条面和一顶面	一条面或一顶面	一条面和一顶面

2.9　烧结路面砖

2.9.1　烧结路面砖的概述

烧结路面砖的类型见表 2‐21。

表 2‐21　　　　　　烧结路面砖的类型

分类方法	类型	备　　注
按用途和使用场合分类	强度类别烧结路面砖	F 类：用于重型车辆行驶的路面砖。 MX 类：用于室外不产生冰冻条件下的路面砖。 NX 类：不用于室外，而允许用于吸水后免受冰冻的室内路面砖。 SX 类：用于吸水饱和时并经受冰冻的路面砖
	耐磨类别烧结路面砖	Ⅰ类：用于人行道和交通车道。 Ⅱ类：用于居民区内步道和车道。 Ⅲ类：用于个人家庭内的地面和庭院
按路面砖形状分类	普通型路面砖（代号 P）	—
	联锁型路面砖（代号 L）	—

2.9.2 烧结路面砖主要规格尺寸

烧结路面砖主要规格尺寸见表2-22,其他规格尺寸可以定制。

表2-22　　　　烧结路面砖主要规格尺寸　　　（单位：mm）

项　目	尺　寸
厚度	50，60，80，100，120
长或宽	100，150，200，250，300

2.9.3 烧结路面砖外观质量要求

烧结路面砖外观质量要求见表2-23。

表2-23　　　　烧结路面砖外观质量要求　　　（单位：mm）

项　目	标　准　值
裂纹的最大投影尺寸	≤3.0
翘曲度	≤3.0
缺损的最大投影尺寸	≤3.0
缺棱掉角的最大投影尺寸	≤5.0

2.9.4 烧结路面砖尺寸允许偏差

烧结路面砖尺寸允许偏差见表2-24。

表2-24　　　　烧结路面砖尺寸允许偏差　　　（单位：mm）

规格尺寸范围	标　准　值
≤80	±1.5
80～280	±2.5
>280	±3.0

2.9.5 烧结路面砖抗压强度等需要符合的要求

烧结路面砖抗压强度等需要符合的要求见表2-25。

表 2-25　烧结路面砖抗压强度等需要符合的要求

类别	抗压强度/MPa ≥ 平均值	单块最小值	饱和系数 ≤ 平均值	单块最大值	吸水率/% ≤ 平均值	单块最大值
F 类	70.0	62.8	—	—	6.0	7.0
MX 类	30.0	25.1	无要求	无要求	14.0	17.0
NX 类	25.0	20.4	无要求	无要求	无要求	无要求
SX 类	55.0	48.6	0.78	0.80	8.0	11.0

2.10　透水面板与透水砖

2.10.1　透水块材概述

透水块材是指具有透水性能的透水砖、透水面板等材料。

透水块材按透水系数可分为 A 级和 B 级。

按透水块材生产过程中所用原料、制备工艺、产品规格可分为透水混凝土路面砖、透水烧结路面砖、透水混凝土路面板、透水烧结路面板。

透水混凝土路面砖和透水烧结路面砖按其劈裂抗拉强度分为 $f_{ts}3.0$、$f_{ts}3.5$、$f_{ts}4.0$、$f_{ts}4.5$ 等级。透水路面砖按形状可分为普通型和联锁透水型。

透水混凝土路面板和透水烧结路面板按其抗折强度可分为 $R_f3.0$、$R_f3.5$、$R_f4.0$、$R_f4.5$ 等级。

透水路面板是用作路面铺设的、具有透水性能的表面材料的面板，透水路面板需同时满足以下条件：

（1）透水系数大于规定值；

（2）块材的长度不超过 1m；

（3）块材的长与厚的比值大于 4。

透水混凝土路面板是用水泥混凝土经振动、加压成型、养护而成的板材，其顶面可以是进行过二次深加工的面板。

透水烧结路面板是采用烧结生产工艺制成的板材,其顶面可以是进行过二次深加工的面板。

知识小提示:

路面内部排水系统有透水基层排水系统(在面层下设置透水基层排水系统)、边缘排水系统(在路面结构边缘设置边缘排水系统)。路面采用透水路面砖时,为达到很好的排水作用,路面排水系统应与透水路面砖配合好。

2.10.2 透水块材的尺寸偏差要求

透水块材的尺寸偏差要求见表2-26。

表2-26 透水块材的尺寸偏差要求 (单位:mm)

分类标记	名称	公称尺寸	长度	宽度	厚度	厚度方向垂直度	直角度	对角线
PCB	透水混凝土路面砖	所有	±2	±2	±2	≤1.5	≤1.0	—
PFB	透水烧结路面砖	所有	±2	±2	±2	≤2.0	≤2.0	—
PFF	透水烧结路面板	长度≤500 长度>500	±3 ±3	±3 ±3	±3 ±3	≤2.0	—	±4 ±6
PCF	透水混凝土路面板	长度≤500 长度>500	±2 ±3	±3 ±3	±3 ±3	≤1.0	—	±3 ±4

注 1. 对角线、直角度的指标值,仅适用于矩形透水块材。
　　2. 矩形透水块材对角线的公称尺寸,用公称长度和宽度,用几何学计算得到。计算精确至0.5mm。

2.10.3 透水块材饰面层平整度的偏差要求

透水块材饰面层平整度的偏差要求见表2-27。

表2-27 透水块材饰面层平整度的偏差要求 (单位:mm)

名　称	最大凹面	最大凸面
透水混凝土路面砖	≤1.0	≤1.5
透水混凝土面板	≤1.5	≤2.0
透水烧结路面砖	≤1.5	≤1.5
透水烧结路面板	≤2.5	≤3.0

2.10.4 透水块材抗折强度要求

透水块材（透水烧结路面板、透水混凝土面板）抗折强度要求见表2-28。

表2-28 透水块材（透水烧结砖、透水混凝土面板）抗折强度要求

（单位：MPa）

抗折强度等级	单块最小值	平均值
$R_f3.0$	≥2.4	≥3.0
$R_f3.5$	≥2.8	≥3.5
$R_f4.0$	≥3.2	≥4.0
$R_f4.5$	≥3.4	≥4.5

2.10.5 透水块材劈裂抗拉强度要求

透水块材（透水烧结路面砖、透水混凝土路面砖）劈裂抗拉强度要求见表2-29。

表2-29 透水块材（透水烧结路面砖、透水混凝土路面砖）劈裂抗拉强度要求

（单位：MPa）

劈裂抗拉强度等级	单块最小值	平均值
$f_{ts}3.0$	≥2.4	≥3.0
$f_{ts}3.5$	≥2.8	≥3.5
$f_{ts}4.0$	≥3.2	≥4.0
$f_{ts}4.5$	≥3.4	≥4.5

2.10.6 透水块材透水系数要求与透水块材外观质量要求

透水块材透水系数要求见表2-30。透水块材外观质量要求见表2-31。

表2-30 透水块材透水系数要求

（单位：cm/s）

透水等级	透水系数
A级	$≥2.0×10^{-2}$
B级	$≥1.0×10^{-2}$

表 2-31　　　　　　透水块材外观质量要求

项目			顶面	其他面
裂纹	贯穿裂纹		不允许	不允许
	非贯穿裂纹	最大投影尺寸长度/mm	≤10	≤15
		累计条数（投影尺寸长度≤2mm不计）/条	≤1	≤2
粘皮与缺损	深度≥1mm的最大投影尺寸/mm	透水路面砖	≤8	≤10
		透水路面板	≤15	≤20
	累计个数（投影尺寸长度≤2mm不计）/个	深度≥1mm，≤2.5mm	≤1	≤2
		深度＞2.5mm	不允许	不允许
缺棱掉角	沿所在棱边垂直方向投影尺寸的最大值/mm		≤3	10
	沿所在棱边方向投影尺寸的最大值/mm		≤10	20
	累计个数（三个方向投影尺寸最大值≤2mm不计）/个		≤1	≤2

2.10.7　透水砖概述

透水砖又叫作荷兰砖、渗水砖、透水路面砖等，其主要用于路面铺设，表面材料往往是采用透水性能好的材料。

透水砖的常用规格有 200mm×100mm×60mm、200mm×100mm×80mm、300mm×150mm×60mm、300mm×150mm×80mm、200mm×200mm×60mm、200mm×200mm×80mm、300mm×300mm×60mm、300mm×300mm×80mm、400mm×200mm×60mm、400mm×200mm×80mm、100mm×100mm×60mm、100mm×100mm×80mm 等，以及定制尺寸。

使用透水砖，可以降低水质污染，有效地缓解城市热岛效应，调节城市生态环境。雨水经过透水砖过滤后，能够降低水污染、及时补充地下水。

从透水的特点上，透水砖可以分为自身透水砖、结构透水砖。其中，自身透水砖本身具备透水能力，常指的透水砖、渗水砖即是自身透水砖。结构透水砖本身并不透水，是通过砖与砖间的缝隙来透水的。

自身透水砖是具有很强吸水功能的路面砖，当砖体被吸满水时水分就会向地下排去。透水砖是为解决城市地表硬化，营造高质量的自然生活环境，维护城市生态平衡而推出的环保建材。透水砖具有保持地面的透水性、保湿性、防滑性、高强度、抗寒、耐风化、降噪、吸声等特点。自身透水砖一般是采用矿渣废料、废陶瓷为原料，经两次成型、高温烧成，属于绿色环保产品。

知识小提示：

透水砖质量的优劣鉴别：质量好的透水砖应不掉色，成色好看，而质量差的透水砖则相反。质量好的透水砖抗冻融性好，而质量差的透水砖则相反。质量好的透水砖的抗压强度一般达到相关规范要求，而质量差的透水砖则没有达到。

透水砖往往还同时满足以下要求：

（1）块材厚度不小于50mm。

（2）块材的长与厚的比值不得大于4。

（3）透水系数大于规定值。

根据市场提供的透水砖的一些种类如图2-11所示。

图2-11 透水砖的一些种类

透水砖中的透水混凝土路面砖是使用水泥混凝土经振动、加压成型、养护而成,其顶面可以是进行过二次深加工。透水烧结路面砖采用烧结生产工艺制成的砖块,可以是顶面进行过二次深加工的烧结路面砖。

透水砖路面选择透水砖的要求如下:

(1) 透水砖的透水系数不应小于等于 1×10^{-2} cm/s。

(2) 透水砖外观质量、力学性能、尺寸偏差、物理性能等其他要求需要符合现行行业有关标准、规定、要求。

(3) 用于铺筑人行道的透水砖其防滑性能不应小于 60。耐磨性不应大于 35mm。

透水砖与一些类型砖的比较如下:

(1) 透水砖与面包砖的比较。

面包砖本身不具备透水功能,是通过面包砖与面包砖间的缝隙来达到透水效果。也就是说,面包砖与结构透水砖的透水功能基本一样,与自身透水砖透水功能则不同。

(2) 透水砖与陶土砖的比较。

陶土砖是用陶土、黏土挤压后再经过高温烧制成型的。陶土砖属于低温砖,是我国几千年来最普遍应用的一种建筑砌墙材料。陶土砖与陶瓷透水砖,均为高温烧制。但是,陶土砖的烧结温度比陶瓷透水砖低 200℃。烧结透水砖的制作工艺与陶土砖类似,需要通过高温烧制。

(3) 透水砖与透水混凝土路面的比较。

透水砖是用透水混凝土制作成砖块,然后铺在路面上。透水混凝土路面,一般是直接铺装在路面上,也就是采用混凝土浇筑摊铺而成。透水混凝土,又叫作多孔混凝土、无砂混凝土、透水地坪等。透水混凝土路面,一般是由骨料、水泥、增强剂、水拌制而成的一种多孔轻质混凝土路面。透水砖路面,是通过一块块透水砖铺设而成的路面。

(4) 透水砖与普通砖的比较。

通常所说的普通砖是指烧结普通砖、水泥混凝土普通砖。烧结普通砖就是以黏土、页岩、煤矸石、粉煤灰等为主要原料，然后经成型、焙烧而成的实心或孔洞率不大于15％的一类砖。普通烧结砖，目前在我国一些城市、地区已被禁止使用。混凝土普通砖外形规格与普通黏土实心砖基本相同，其可以用于工业、民用建筑的承重墙体。透水砖与普通砖的部分比较见表2-32。

表2-32　　　　　透水砖与普通砖的部分比较

项　目	透水砖	普通砖
透水、透气性能	有	无
缓解城市热岛效应	可以	不可以
减轻城市排水和防洪压力	可以	不可以
积水性	不积水	容易积水
提高车辆通行的舒适性、安全性	可以	不可以

（5）透水砖与海绵砖的比较。

海绵砖也叫作海绵城市透水砖、海绵透水砖等。海绵砖是透水砖的一种。海绵砖的常用类型及用途见表2-33。

表2-33　　　　　海绵砖常用类型及用途

类型	用　　途
普通海绵砖	一般应用于街区人行步道、广场等一般化的铺装
聚合物纤维混凝土透水砖	主要用于住宅小区的人行步道、广场、市政、重要工程、停车场等场地的铺装
彩石复合混凝土海绵砖	主要用于豪华商业区、大型广场、酒店停车场、别墅小区等场所的铺装
混凝土透水砖	广泛用于车行道、人行道、高速路、飞机场跑道、广场、园林建筑等场所的铺装
生态砂基透水砖	主要用于一些重要建筑场所的铺装

(6) 透水砖与烧结砖的比较。

根据生产制作工艺，路面砖可以分为烧结砖、非烧结砖。烧结砖一般是指普通黏土烧结砖，其不具有透水性。透水砖是一种用于铺地面的新型环保路面砖。透水砖可以分为烧结透水砖和非烧结透水砖。根据材料不同，透水砖可以分为陶瓷透水砖、水泥透水砖。其中，水泥透水砖的成本较陶瓷透水砖低。

烧结砖中的焙烧，其是烧结砖制砖工艺的一项关键环节。烧结砖一般是将焙烧温度控制在900～1100℃间，使砖坯烧到部分熔融而烧结。如果焙烧温度过高或时间过长，则会产生过火砖。如果焙烧温度过低或时间不足，则会产生欠火砖。欠火砖具有色浅、强度低、吸水率大、敲击声哑、耐久性差等特点。过火砖具有敲击声脆、色深、变形大等特点。

烧结砖在砖窑中焙烧时生成三氧化二铁（Fe_2O_3）而使砖呈红色，该烧结砖就称为红砖。如果在氧化气氛中烧成后，再在还原气氛中闷窑，红色Fe_2O_3还原成青灰色氧化亚铁（FeO），则该烧结砖就称为青砖。青砖比红砖一般致密、耐碱、耐久性好，但是价格高。

2.10.8 砂基透水砖

有的砂基透水砖是采用风积砂为原料，然后通过破坏水的表面张力而产生具有透水功能的透水砖。

砂基透水砖的砖体内一般应有大量孔径小于灰尘直径的毛细管，以便透水的同时具有过滤净化功能。

砂基透水砖一般应具有耐磨、耐压、防滑、抗冻等性能。

砂基透水砖尺寸规格有300mm×150mm×60mm、300mm×150mm×50mm、300mm×150mm×80mm等。砂基透水砖颜色、尺寸规格可定制。

砂基透水砖图例如图2-12所示。

图 2-12　砂基透水砖图例

2.10.9　广场透水砖

广场透水砖主要用于市政工程、屋顶美观、园林绿化、休闲广场、花园阳台、学校、商场超市、汽车 4S 店、医院等人流量大的公共场合的铺设。

广场透水砖应具有耐磨性好、易修补、防滑性强、抗折强度高等特点。

广场透水砖常见的规格有 100mm×100mm×60mm、100mm×100mm×80mm、150mm×150mm×60mm、150mm×150mm×80mm、100mm×200mm×60mm、100mm×200mm×80mm、200mm×200mm×60mm、200mm×200mm×80mm、150mm×300mm×60mm、150mm×300mm×80mm、300mm×300mm×60mm、300mm×300mm×80mm 等，以及其他定制尺寸。

广场透水砖常见的颜色有玛瑙红色、灰色、芝麻白、五金黑、芝麻黑等，以及其他定制的颜色。

广场透水砖应可以拼贴组合，以满足铺装需要。

广场透水砖图例如图 2-13 所示。

知识小提示：

广场石（天然石材）常见规格尺寸，具体见表 2-34。

图 2-13 广场透水砖图例

表 2-34　　广场石（天然石材）常见规格尺寸　　（单位：mm）

项目	规　格　尺　寸
长度、宽度系列	150、200、300、400、500、600、700、800、900、1000、1200、1500、1800
边长系列（多边形）	50、100、150、200、250、300
厚（高）度系列	50、75、100、150、200、250、300、350、400

2.10.10　人行道彩色透水砖

人行道彩色透水砖是一种铺设在人行道路上的路面透水砖。

人行道彩色透水砖，可以采用多种单色透水砖交替铺设，也可以采用幻彩透水砖铺设。

人行道如果直接采用水泥浇灌或直接铺柏油等方式，一旦遇到大雨天气，就会造成水漫街头与积水的现象。

人行道如果采用透水砖，遇到大雨天气时，雨水就会渗入地下，并且会经过透水砖过滤降低水污染。

人行道彩色透水砖，可以根据实际需要利用其色彩打造具有一定美观的图案。

人行道彩色透水砖常见尺寸规格有 300mm×300mm×60mm、300mm×300mm×50mm、300mm×300mm×80mm

等，以及定制尺寸。人行道彩色透水砖常见颜色为幻彩色，以及定制的颜色。

人行道彩色透水砖图例如图 2-14 所示。

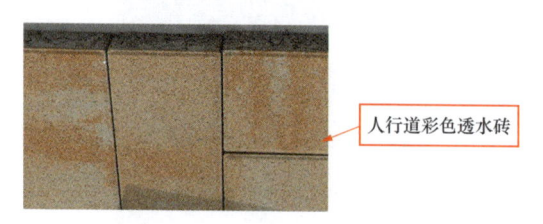

图 2-14 人行道彩色透水砖图例

2.10.11 停车场透水砖

停车场透水砖主要用于休闲广场、市政工程、学校等公共场合停车场。因此，停车场透水砖应具有透水性能好、高承载性等特点。

停车场透水砖常见尺寸规格有 200mm×100mm×60mm、200mm×100mm×50mm、200mm×100mm×80mm 等，以及定制的尺寸。

停车场透水砖图例如图 2-15 所示。

图 2-15 停车场透水砖图例

2.10.12 PC 透水砖

PC 砖是一种预制装配式混凝土结构的路面砖。PC 透水砖，则是在 PC 砖的基础上，增加透水性能的一种 PC 砖。

PC 透水砖能够降低水质污染，缓解城市热岛效应等功能。

PC 透水砖颜色也有定制的颜色。

PC 透水砖常见尺寸规格有 150mm×150mm×60mm、150mm×150mm×50mm、150mm×150mm×80mm 等，以及定制的尺寸。

2.10.13　黄色透水盲道砖

黄色透水盲道砖颜色为黄色，其具备透水盲道砖的透水性、防滑性、耐磨性好等特点。

黄色透水盲道砖常见尺寸规格有 300mm×300mm×60mm、300mm×300mm×50mm、300mm×300mm×80mm 等，以及定制的尺寸。

2.10.14　水泥透水砖

水泥透水砖是采用水泥混凝土为原料制作而成。常见的水泥透水砖为灰色水泥透水砖。水泥透水砖可以在其表面添加颜料做成其他颜色的透水砖。

2.10.15　室外透水砖

室外透水砖要求具有透水性好、耐高温性、耐严寒性、耐酸耐碱性、耐褪色性、承载能力强、强度高等特点。

室外透水砖常见尺寸规格有 250mm×250mm×60mm、250mm×250mm×50mm、250mm×250mm×80mm 等，以及定制尺寸。

室外透水砖常见颜色为灰色，以及定制的颜色。

2.11　导　盲　砖

2.11.1　导盲砖概述

导盲砖也叫作盲道砖。其主要用来为盲人安全出行提供的行路方便的一种砖。

导盲砖主要设置在各种人行道口、建筑入口、人行天桥、公交候车站、城市广场入口、站台边缘、人行地道的上口、人行地道的下口、地下铁道入口、人行道上等。

导盲砖按材料不同，有仿石材导盲砖、石材导盲砖。仿石材导盲砖是一种采用混凝土为原料进行加工生产的一种仿石材外观的砖。

混凝土预制导盲砖成本一般要低于石材导盲砖。混凝土预制的仿石材导盲砖具有透水性。石材导盲砖能透水。

仿石材导盲砖尺寸规格有 300mm×300mm×60mm、300mm×300mm×80mm 等，另外颜色、规格还有定制的。

导盲砖按功能分类如下：

（1）警告导盲砖——主要用于告知盲人前面有危险，不要超越等。

（2）行进导盲砖——主要用于引导盲人放心前行等。

（3）提示导盲砖——主要用于提示盲人前面有障碍等。

2.11.2　提示导盲砖

提示导盲砖也叫作提示导盲砖、盲道方位引路砖等。提示导盲砖往往是一种带有圆点的提示砖，主要起到提示盲人前面有障碍，为残疾人安全指引行走无障碍等作用。

提示导盲砖上面往往具有凹凸面。提示导盲砖规格有 250mm×250mm×60mm、250mm×250mm×80mm 等，另外颜色、规格等还有定制的规格。

提示导盲砖主要用于城市道路、地铁站台、火车站、汽车站、城际铁路、人行道上铺设，它是残疾人安全指引行走无障碍的专用设施。

提示导盲砖可以组成触觉铺路系统、触觉地面指示器。

目前，国内常见的提示导盲砖为黄色为主。

2.11.3　行进导盲砖与警告导盲砖

行进导盲砖、警告导盲砖就是对盲人起到提示功能。行进导盲砖与警告导盲砖，广义上均属于导盲砖。行进导盲砖也叫作盲道行进砖、盲道方向引路砖。

行进导盲砖表面上有往往有凹凸条纹，主要引导盲人放心前行等作用。行进导盲砖必须具有防滑性能、满足防火等要求。

行进导盲砖的常见规格尺寸有 300mm×300mm×60mm、300mm×300mm×80mm、250mm×250mm×60mm、250mm×250mm×80mm、200mm×200mm×60mm、200mm×200mm×80mm 等，另外颜色、规格等也有定制的。

行进导盲砖一般设置在各种人行道、公交候车站、人行天桥、城市广场、人行道、站台边缘等场所。

有的行进导盲砖是采用橡胶原材料或者混凝土预制而成的。

2.12　护坡砖

2.12.1　护坡砖概述

护坡砖包括生态护坡砖、高速公路护坡砖、水利护坡砖、护坡植草砖、河道护坡砖、联锁式水工护坡砖等。

2.12.2　护坡植草砖

护坡植草砖尺寸往往是定制的规格，颜色以灰色为主流，也有定制其他颜色的。护坡植草砖主要特点是砖里面可以植草，也就是为动植物提供了良好的生存空间、栖息场所，以及水陆间进行能量交换，另外还起到固定护坡、护岸、锚固、透气、透水等作用。

2.12.3　河道护坡砖

河道护坡砖尺寸往往是定制的规格，颜色以灰色为主流，也有定制的颜色。河道护坡砖主要特点是对河道的坡进行加固等作用。河道护坡砖图例如图2-16所示。

图2-16　河道护坡砖

2.12.4　六角护坡砖

六角护坡砖尺寸往往是定制的规格，颜色以灰色为主流，也有定制的颜色。六角护坡砖外形特征就是六角形。六角护坡砖也属于多孔结构护坡砖。

六角护坡砖主要用于中小流速的水流与敞开式沟渠等情况下的水土保持。

六角护坡砖也是可以进行植草的护坡砖。

2.12.5　联锁式水工护坡砖

联锁式水工护坡砖往往采用联锁型设计，铺面在水流作用下具有良好的整体稳定性。

联锁式水工护坡砖渗水型柔性结构铺面，能够降低流速，减小流体压力，提高排水能力，起到水土保持等作用。

联锁式水工护坡砖图例如图2-17所示。

图2-17　联锁式水工护坡砖

2.13 混凝土路面砖

2.13.1 混凝土路面砖概述

混凝土路面砖是一种以水泥、砂石为原料,然后经过加工、振动加压或者其他成型工艺制造而成的一种路面砖。

混凝土路面砖主要用来铺设的路面有人行道路面、园林道路路面、城市广场路面等。

常见的混凝土路面砖有仿石砖、植草砖、透水砖、仿古砖、护坡砖、面包砖、盲道砖等。

根据市场供货情况,混凝土路面砖的类型如图 2-18 所示。

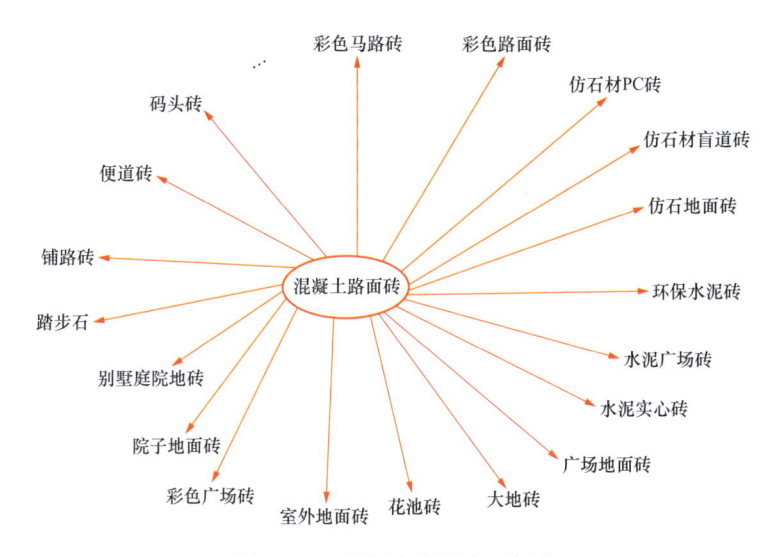

图 2-18 混凝土路面砖的类型

混凝土路面砖的分类见表 2-35。

表 2‑35　　　　　　　　混凝土路面砖的分类

分类方法	类型	备注
按形状分类	普形混凝土路面砖	长方形、正方形或正多边形的混凝土路面砖
	异形混凝土路面砖	除长方形、正方形或正多边形以外的混凝土路面砖
按混凝土路面砖成型材料分类	带面层混凝土路面砖	由面层和主体两种不同配比材料制成的混凝土路面砖
	通体混凝土路面砖	同一种配比材料制成的混凝土路面砖

混凝土路面砖的公称厚度规格尺寸有：60mm、70mm、80mm、90mm、100mm、120mm、150mm。

混凝土路面砖的抗压强度等级有：C_c40、C_c50、C_c60。

混凝土路面砖的抗折强度等级有：$C_f4.0$、$C_f5.0$、$C_f6.0$。

混凝土路面砖的外观质量要求见表 2‑36。

表 2‑36　　　　　　混凝土路面砖的外观质量要求

项目	要求
铺装面粘皮或缺损的最大投影尺寸/mm ≤	5
铺装面缺棱或掉角的最大投影尺寸/mm ≤	5
平整度/mm ≤	2.0
垂直度/mm ≤	2.0
铺装面裂纹	不允许
色差、杂色	不明显

混凝土路面砖的规格尺寸允许偏差要求见表 2‑37。

表 2‑37　　混凝土路面砖的规格尺寸允许偏差要求　　（单位：mm）

项目	要求
长度、宽度、厚度	±2.0
厚度差 ≤	2.0

知识小提示：

水泥混凝土面层的类型有普通混凝土面层、钢筋混凝土面层、连续配筋混凝土面层、钢纤维混凝土面层、预应力混凝土面层、混凝土砖块料路面等。其中，混凝土砖块料路面是由预制混凝土路面砖块铺砌而成的一种面层，其主要依靠块料间的嵌锁作用承受荷载。

2.13.2　码头砖

码头砖，顾名思义就是主要是用于港口码头的路面砖，或者美化码头环境路面砖等一些建筑砖、装修砖。

码头砖一般应具有耐酸耐磨性、坚实抗压性、止滑透水性、承载能力高、耐磨损性、施工维护较简单等特点。

码头砖，有大型码头专用砖、货场专用砖等特殊的码头砖。

2.13.3　水泥铺地砖

水泥铺地砖也叫作水泥地面砖。水泥铺地砖一般是采用水泥等原料制作而成。

水泥铺地砖可以应用码头、广场、人行道等场所。

水泥铺地砖常见尺寸规格有 100mm×100mm×60mm、100mm×100mm×80mm 等，以及定制的尺寸。水泥铺地砖常见颜色为灰色，以及定制的颜色。

2.14　其　他

2.14.1　板材平面度公差与参考允许公差

普型板、异型板的平面度公差符合参考要求见表 2-38。普型板角度参考允许公差见表 2-39。普型板材规格尺寸允许偏差见表 2-40。

表2-38　普型板、异型板的平面度公差符合参考要求

（单位：mm）

板材长度	粗面板材			镜面和细面板材		
	A级	B级	C级	A级	B级	C级
≤400	0.6	0.8	1.0	0.2	0.4	0.5
>400~≤800	1.2	1.5	1.8	0.5	0.7	0.8
>800	1.5	1.8	2.0	0.7	0.9	1.0

表2-39　普型板角度参考允许公差　（单位：mm）

板材长度	A级	B级	C级
≤400	0.3	0.5	0.8
>400	0.4	0.6	1

表2-40　普型板材规格尺寸允许偏差　（单位：mm）

项目	粗面板材			镜面和细面板材		
	A级	B级	C级	A级	B级	C级
长度、宽度	0 -1.0	0 -1.5	0 -1.5	0 -1.0	0 -1.0	0 -1.5
厚度	+3.0 -1.0	+4.0 -1.0	+5.0 -1.0	+1.0 -1.0	+2.0 -1.0	+3.0 -1.0

圆弧板直线度、线轮廓度参考允许公差见表2-41。

表2-41　圆弧板直线度、线轮廓度参考允许公差　（单位：mm）

项目		粗面板材			镜面和细面板材		
		A级	B级	C级	A级	B级	C级
直线度 （板材高度）	≤800	1.0	1.2	1.5	0.8	1.0	1.2
	>800	1.5	1.5	2.0	1.0	1.2	1.5
线轮廓度		1.0	1.5	2.0	0.8	1.0	1.2

2.14.2　踏步石

根据材质，踏步石可以分为石材踏步石、混凝土预制踏步石等。

踏步石主要应用于园林绿化中园林绿化道路的铺设。其中，具有水系的道路铺设更为常见。

混凝土踏步石可以采用不一样的形状，使道路呈现一种天然的错乱美。混凝土踏步石也可以采用统一的形状，使道路呈现一种规范整齐的美观。

选择混凝土踏步石时，需要根据经济要求、使用地形地貌、环境艺术风格、材料特性、种植特色、施工方法等综合考虑。

混凝土踏步石常见尺寸规格有 500mm×250mm×80mm、500mm×250mm×60mm 等，以及定制的尺寸。混凝土踏步石常见颜色为灰色，以及定制的颜色。

2.14.3 树池边框

树池边框可以起到防止树木周围泥土流失、保护树木根部、美化树木四周等作用。树池边框主流是石材树池边框。简单的石材树池边框就是采用 4 根长条石组成方形包围树坑。有的树池框是采用圆形的包围树坑。

树池边框图例如图 2-19 所示。

图 2-19 树池边框图例

2.14.4 水沟盖板

水沟盖板也就是水沟上面的盖板，又叫作水沟盖，如图2-20所示。根据特点，水沟盖板主要分为长方形槽水沟盖板、圆形孔洞水沟盖板等。根据使用材料，水沟盖板主要分为芝麻黑花岗岩水沟盖板、水泥条形水沟盖板、普通花岗岩孔型水沟盖板等。

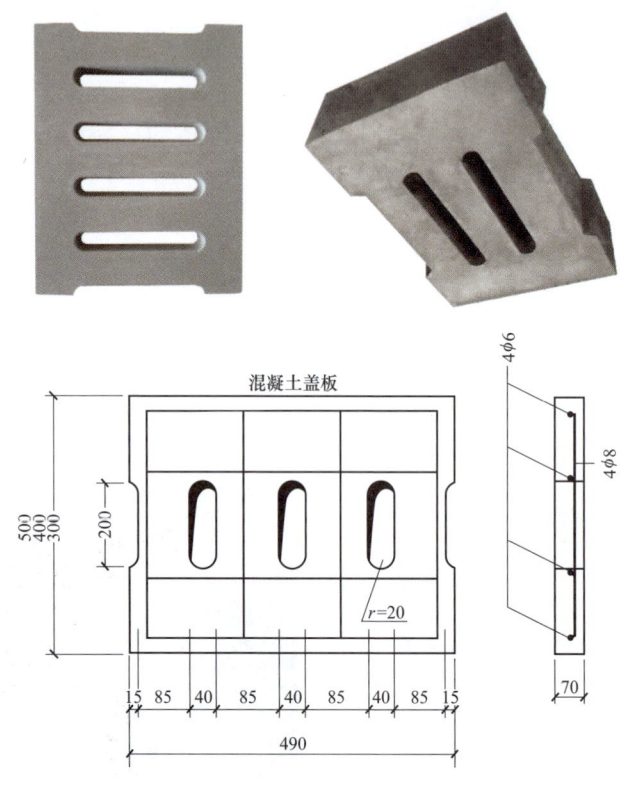

图2-20 水沟盖板（尺寸单位：mm）

水沟盖板施工现场的放置如图2-21所示。

水沟盖板广泛应用于高档酒店、度假区、别墅小区、现代园林、市政工程、排水工程等环境中。

选择水沟盖板，应注意符合建筑装修环境的协调与配合，

图 2-21　水沟盖板施工现场的放置

注重线条流畅，造型美观等要求。

石材水沟盖板主要作用是将雨水中携带的体积较大的污物通过过滤截留而完成最佳排水。石材水沟盖板需要具有高耐摩擦、抗弯曲强度大、高抗冲击、高耐腐蚀、高荷载、安装维护方便等特点。

2.14.5　台阶与楼梯

台阶与楼梯在建筑物中主要起楼层间垂直交通作用。台阶与楼梯可以用不同的材质制作而成，其中石材台阶与楼梯就是其中一种。其他类型的台阶与楼梯有时也需要石材台阶与楼梯来配合实现。

台阶与楼梯一般由连续梯级的梯段、平台、围护构件等组成。台阶与楼梯的最低与最高一级踏步间的水平投影距离为台长或梯长。台阶、梯级的总高叫作台高、梯高。

室内楼梯楼层高度与参考踏步格数见表 2-42。

表 2-42　室内楼梯楼层高度与相应的参考踏步格数

楼层高度/cm	231～253	252～276	273～299	294～322	315～345
参考踏步格数	10+1	11+1	12+1	13+1	14+1

公共建筑的梯段净宽除了考虑防火规范要求外，还需要考虑人流。楼梯坡度的确定，需要考虑到行走舒适、攀登效率、空间状态等因素。室内楼梯的坡度一般为 20°～45°为宜，最好

的坡度大约为 30°。

台阶如图 2-22 所示。

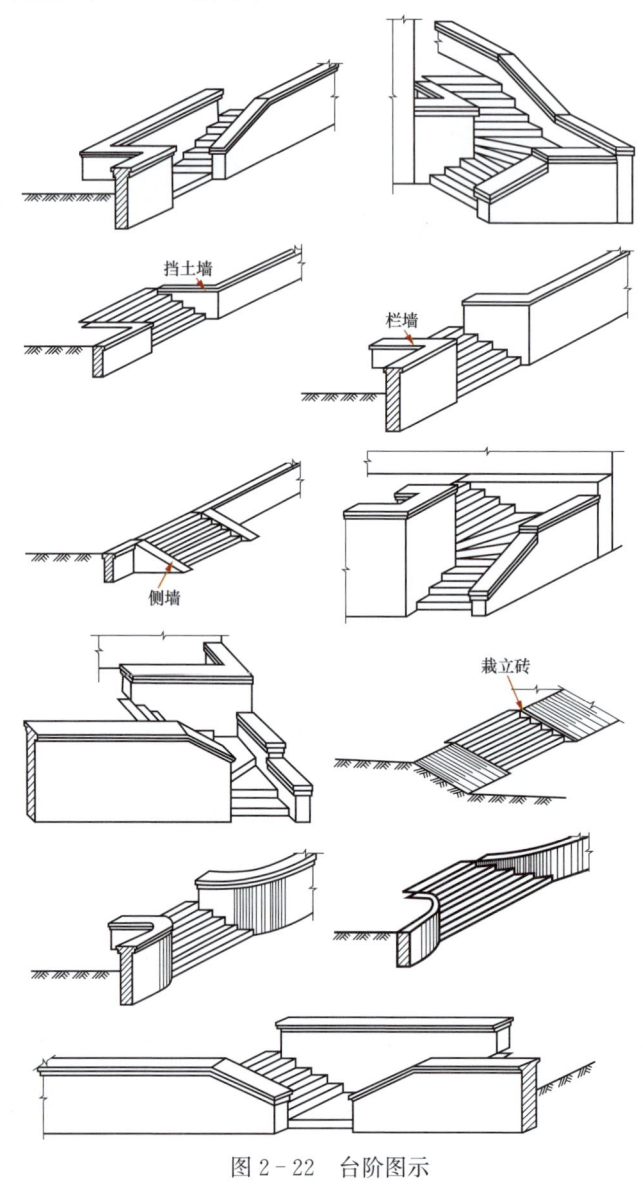

图 2-22 台阶图示

2.14.6 石栏杆（板）

栏杆就是围护的护杆，常见的有木栏杆、石栏杆。石栏杆又可以分为普通石栏杆、石雕栏杆等。石栏杆（板）如图 2-23 所示。石雕栏杆主要组成部分有立柱、栏板、柱头、地铺石等。石雕栏杆也可以与铁索等其他材料搭配。

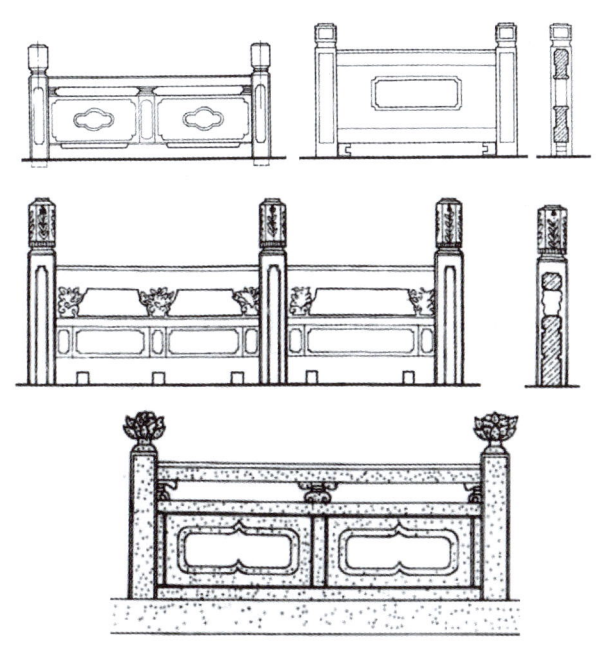

图 2-23　石栏杆（板）图示

一些石栏杆的规格见表 2-43。

表 2-43　　　　　　一些石栏杆的规格　　　　　　（单位：mm）

栏板			柱高			截面
长	高	厚	柱身	柱头	合计	
2500	900	180	1085	445	1530	320×320
2000	950	140	1050	450	1500	200×200
2500	920	120	1160	260	1420	250×250

续表

栏板			柱高			截 面
长	高	厚	柱身	柱头	合计	
1210	680	140	813	250	1063	156×156
2080	750	70	820	210	1030	160×160
1230	800	105	800	200	1000	160×160
1050	700	80	770	230	1000	160×160
1340	755	110	755	240	995	160×160
1645	650	70	713	225	938	130×130
1980	610	110	650	280	930	170×190
1720	650	80	685	225	910	140×140
2300	550	105	590	250	840	180×180 180×135
2050	515	100	550	270	820	170×170
1900	460	220	460	290	750	220×220

2.14.7　鹅卵石

建筑卵石包括鹅卵石，但不是只有鹅卵石。鹅卵石是纯天然的石材，其是开采黄砂时的副产品。鹅卵石形状似鹅卵。

鹅卵石化学组成成分主要有二氧化硅，少量的氧化铁、微量的锰铜铝镁等元素与化合物。色素离子溶入鹅卵石二氧化硅热液中的种类、含量不同使鹅卵石呈现不同的色系。

鹅卵石的种类有河卵石、造景石、木化石等。鹅卵石可以用于铺设路面、公园假山、盆景填充材料、园林艺术等。鹅卵石还可以作为净水、污水处理的材料。

鹅卵石图例如图2-24所示。选择鹅卵石，应选择椭圆形、稍微扁一点的鹅卵石。

2.14.8　彩色路面砖

有的彩色路面砖是采用水泥、砂石、建筑垃圾等为原材料，

图 2-24　鹅卵石图例

经加工、振动加压等工艺制成的，以及对表面进行二次加工，加入颜料、助剂，使之具有各种色彩。彩色路面砖一般用于铺设城市道路人行道、城市广场等场所。

彩色路面砖包括彩色仿古砖、彩色面包砖、彩色广场砖、彩色透水砖等。

2.14.9　草坪砖

有的草坪砖是用混凝土、砂石、颜料等经过高压台振机振压而制成的。

草坪砖铺设在地面上后，要求具有一定的稳固性，能承受一定的行人踩压而不被损坏。另外，还要保证生长在草坪砖下面的绿草根部不会被伤害。

草坪砖主要用于小区、停车场、城市游园、学校广场、家庭庭院等场所的铺设。

草坪砖包括护坡植草砖、井字形植草砖、六边形植草砖、嵌草水泥砖、嵌草砖、水泥植草砖、停车场草坪砖等。

草坪砖颜色常见的为灰色，其颜色、尺寸规格也可以定制。

一些草坪砖图例如图 2-25 所示。

2.14.10　仿古砖

有的仿古砖是采用混凝土预制，并且通过对表面进行二次

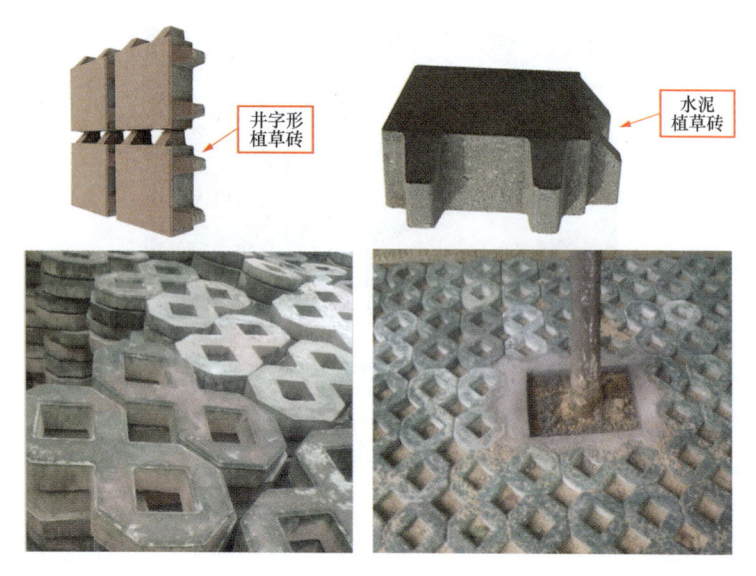

图 2-25 一些草坪砖图例

加工处理仿造仿古样式，具有古典的韵味。

仿古砖往往可以通过样式、颜色、图案等营造怀旧氛围。

仿古砖的类型如图 2-26 所示。

图 2-26 仿古砖的类型

- 芝麻白色仿古砖
- 黑色仿古砖
- 深灰色仿古砖
- 仿古劈开砖
- 红色仿古砖
- 现代仿古砖
- 水泥仿古砖

第3章 相关材料与配件

3.1 室内石材常用干挂件

3.1.1 室内石材常用干挂件规格

室内石材常用的干挂件规格见表3-1。室内石材常用干挂件常包括T形挂件、L形挂件、平插挂件、蝶形挂件等。悬空墙面底部外露的石材一般选择平插挂件。

表3-1　室内石材常用干挂件规格　（单位：mm）

名称	图例	L	t	k
T形挂件		60	3	30
		80		50
		100	4	70
L形挂件		60	3	30
		80		50
		100	4	70
平插挂件		60	3	30
		80		50
		100	4	70

续表

名称	图例	L	t	k
蝶形挂件		60	3	30
		80		50
		100	4	70

干挂石材幕墙挂件干挂图例、干挂形式及适用范围见表3-2。

表3-2 干挂石材幕墙挂件干挂图例、干挂形式及适用范围

干挂石材幕墙挂件类型	干挂图例	干挂形式	适用范围
可调背栓干挂石材幕墙挂件			高层大面积内外墙
可调SE形干挂石材幕墙挂件			高层大面积内外墙
可调R形干挂石材幕墙挂件			高层大面积内外墙
固定背栓干挂石材幕墙挂件			大面积内外墙

续表

干挂石材幕墙挂件类型	干挂图例	干挂形式	适用范围
SE形干挂石材幕墙挂件	S形 / E形		大面积内外墙
R形干挂石材幕墙挂件			大面积外墙
Y形干挂石材幕墙挂件			大面积外墙
L形干挂石材幕墙挂件			幕墙上下收口处
T形干挂石材幕墙挂件			小面积内外墙

石材干挂常用码片如图3-1所示。

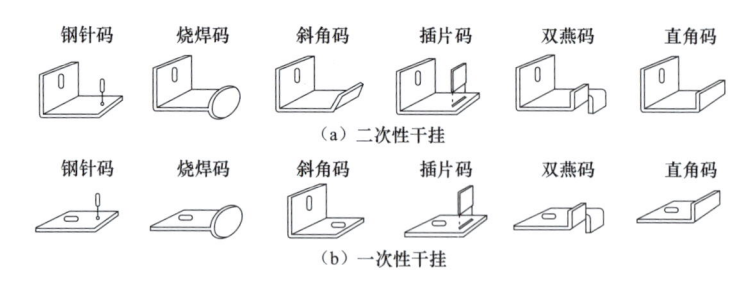

钢针码　烧焊码　斜角码　插片码　双燕码　直角码

(a) 二次性干挂

钢针码　烧焊码　斜角码　插片码　双燕码　直角码

(b) 一次性干挂

图3-1　石材干挂常用码片

3.1.2　室内石材常用干挂件的使用要求

室内石材常用干挂件的使用要求如下：

（1）选择的干挂件表面不得有气泡、结疤、裂纹、折叠、夹杂、端面分层等异常现象，如图3-2所示。

表面不得有气泡

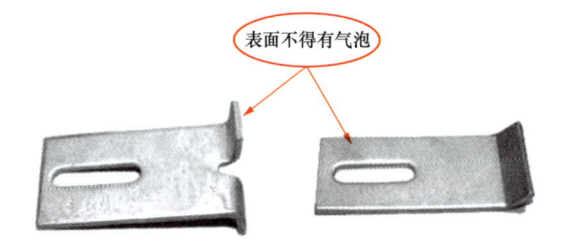

图3-2　干挂件

（2）选择的干挂件一般允许有不大于厚度偏差一半的轻微凹坑、轻微凸起、轻微压痕、轻微发纹、轻微擦伤、轻微压入的氧化铁皮等轻微异常现象。

（3）选择的T形干挂件角焊缝的焊角尺寸要为插板最小厚度，并且焊缝焊实，不得点焊连接。

（4）干挂件冷加工后表面缺陷一般可以允许用修磨方法进行清理，但是清理深度不得超过厚度偏差的一半。

（5）干挂件冷加工后配件厚度减薄量不得超过厚度偏差的一半。

(6) 干挂件配套的转接件，可以根据选用的锚栓规格、钢骨架的具体情况来采用角钢等制作的。

(7) 干挂件冲压孔边加工后要光滑，不得有毛刺、毛边等异常现象。

(8) 干挂件拉拔强度最小值不得低于 2.4kN，并且要符合设计等有关要求。

(9) 每个干挂件需要带一个不小于 M6 的不锈钢螺栓，并且附带 2 个平垫圈＋1 个弹簧垫圈。

(10) 厚度不大于 20mm 的石材饰面板，可以选择厚度为 3mm 的挂件。

(11) 厚度大于 20mm 的石材饰面板，一般需要选择厚度为 4mm 的挂件。

(12) 选择的干挂件长度、宽度允许偏差要求符合表 3-3 的规定。选择的干挂件壁厚允许偏差要求符合表 3-4 的规定。选择的干挂件平面度允许偏差要求符合表 3-5 的规定。

表 3-3　　选择的干挂件长度、宽度允许偏差要求　（单位：mm）

长度、宽度	≥30～50	≥50～80	≥80～120
允许偏差	＋3.9，0	＋4.6，0	＋5.4，0

表 3-4　　选择的干挂件壁厚允许偏差要求　（单位：mm）

厚　　度	3 或 4
允许偏差	＋0.50，0

表 3-5　　选择的干挂件平面度允许偏差要求　（单位：mm）

长度、宽度	≥30～50	≥50～80	≥80～120
允许偏差	＋0.15	＋0.2	＋0.25

(13) 干挂件冲孔尺寸允许偏差要求符合表 3-6 的规定。

表 3-6　　　　　　干挂件冲孔尺寸允许偏差要求　　（单位：mm）

孔　径	<10
允许偏差	+0.10，0

3.2　锚栓与锚件

3.2.1　蒸压加气混凝土专用尼龙锚栓

蒸压加气混凝土专用尼龙锚栓一般是由尼龙套、钝化不锈钢或 S316 不锈钢制成的六角头螺钉等组成。蒸压加气混凝土专用尼龙锚栓参考安装参数见表 3-7。

表 3-7　　蒸压加气混凝土专用尼龙锚栓参考安装参数（单位：mm）

锚栓规格	锚固深度	螺钉直径	钻头直径	钻孔深度
GB8	≥50	5	8	≥60
GB10	≥55	7	10	≥65

蒸压加气混凝土专用尼龙锚栓参考设计拉力值见表 3-8。

表 3-8　　蒸压加气混凝土专用尼龙锚栓参考设计拉力值

锚固基材	强度等级	参考设计拉力值/kN	
		M8	M10
蒸压加气混凝土砌块	A2.5 B04	0.25	0.45
	A3.5 B05	0.5	0.7
	A5.0 B06	0.7	0.9

3.2.2　混凝土空心砌块专用尼龙锚栓

混凝土空心砌块专用尼龙锚栓，一般是由尼龙套、钝化不锈钢或 S316 不锈钢制成的六角头螺钉组成的。混凝土空心砌块专用尼龙锚栓参考安装参数见表 3-9。混凝土空心砌块专用尼龙锚栓参考设计拉力值见表3-10。

表3-9　　混凝土空心砌块专用尼龙锚栓参考安装参数

锚栓规格	螺钉直径/mm	钻头直径/mm	钻孔深度/mm
UX10	8	10	≥75
UX12	10	12	≥85

表3-10　　混凝土空心砌块专用尼龙锚栓参考设计拉力值

锚固基材	强度等级	参考设计拉力值/kN	
^	^	M10	M12
混凝土空心砌块	MU7.5	0.50	0.80

3.2.3　简易锚件

有的简易锚件采用80mm×80mm×6mm厚钢板与M10螺杆焊接而成的。简易锚件在蒸压加气混凝土砌块、混凝土空心砌块上的参考设计拉力值见表3-11。

表3-11　　　　简易锚件参考设计拉力值

锚固基材	强度等级	参考设计拉力值/kN
混凝土空心砌块	MU7.5	3.60
蒸压加气混凝土砌块	A2.5 B04	3.60
^	A3.5 B05	3.60
^	A5.0 B06	3.60

3.3　填缝剂与密封胶

3.3.1　石材工程填缝剂

建筑装饰室内石材工程水泥基石材填缝剂主要性能要求见表3-12。

表 3-12　建筑装饰室内石材工程水泥基石材填缝剂主要性能要求

项　目	要求
标准试验条件下的抗折强度/MPa	≥2.5
标准试验条件下的抗压强度/MPa	≥15
固化收缩值/（mm/m）	≤3

建筑装饰室内石材工程反应型树脂型填缝剂主要性能要求见表3-13。

表 3-13　建筑装饰室内石材工程反应型树脂型填缝剂主要性能

项　目	要求
质量损失/%	≤5.0
污染性/mm	≤2.0
表干时间/h	≤3
定伸黏结性	无破坏
浸水后定伸黏结性	无破坏

3.3.2　石材用建筑密封胶

根据聚合物，石材用建筑密封胶可以分为改性硅酮（MS）密封胶、硅酮（SR）密封胶、聚氨酯（PU）密封胶等。根据组分，石材用建筑密封胶可以分为双组分型（2）密封胶、单组分型（1）密封胶等。根据位移能力，石材用建筑密封胶分为12.5级别密封胶、20级别密封胶、25级别密封胶、50级别密封胶，密封胶级别与相应的试验拉压幅度、位移能力见表3-14。20级别密封胶、25级别密封胶、50级别密封胶，根据拉伸模量又可以分为低模量（LM）密封胶、高模量（HM）密封胶等次级别。12.5级密封胶根据弹性恢复率，在不小于40%时为弹性体（E）。50、25、20、12.5E密封胶为弹性密封胶。

表3-14 密封胶级别与相应的试验拉压幅度、位移能力

密封胶级别	试验拉压幅度/%	位移能力/%
12.5	±12.5	12.5
20	±20	20
25	±25	25
50	±50	50

选择石材用建筑密封胶时，应注意正常的密封胶一般为细腻、均匀膏状物或黏稠体，不应出现气泡、结皮、结块、凝胶，也无不易分散的析出物等异常现象。另外，双组分密封胶各组分的颜色，一般是有明显差异的。如果是商定的密封胶，则需要符合有关商定内容与要求。

密封胶主要性能一般要符合表3-15的规定。

表3-15 密封胶主要性能

项目		50LM	50HM	25LM	25HM	20LM	20HM	12.5E
拉伸模量/MPa	+23℃	≤0.4 和	>0.4 或	≤0.4 和	>0.4 或	≤0.4 和	>0.4 或	—
	−20℃	≤0.6	>0.6	≤0.6	>0.6	≤0.6	>0.6	
弹性恢复率/%		≥80	—	—	—	—	—	40
下垂度（水平）/mm		无变形						
定伸黏结性		无破坏						
冷拉-热压后黏结性		无破坏						
浸水后定伸黏结性		无破坏						
质量损失/%		≤5						
表干时间/h		≤3						
挤出性/(mL/min)		≥80						

续表

项 目	50LM	50HM	25LM	25HM	20LM	20HM	12.5E
污染性污染宽度/mm	≤2	—	—	—	—	—	—
污染性污染深度/mm	≤2	—	—	—	—	—	—
下垂度（垂直）/mm	≤3	—	—	—	—	—	—

3.4 金属与石材幕墙工程材料

3.4.1 金属与石材幕墙工程材料概述

金属与石材幕墙所选用的材料，需要符合现行有关标准的规定，以及必须要有合格证等相关证明文书。同时，金属与石材幕墙所选用材料的物理性能等需要符合设计等有关要求。

硅酮结构密封胶、硅酮耐候密封胶必须有与所接触材料的相容性试验报告。橡胶条需要有成分化验报告、保质年限证书。

金属与石材幕墙所使用的低发泡间隔双面胶带，必须符合《玻璃幕墙工程技术规范》(JGJ 102—2003)等有关标准规定。

当石材含放射物质时，必须符合《建筑材料放射性核素限量》(GB 6566—2010)等有关标准规定。

3.4.2 金属材料

幕墙采用的非标准五金件需要符合设计等有关要求，并且需要具有出厂合格证，以及符合《紧固件机械性能 不锈钢螺栓、螺钉和螺柱》(GB/T 3098.6—2014)、《紧固件机械性能 不锈钢螺母》(GB/T 3098.15—2014)等有关标准规定。

钢结构幕墙高度超过40m时，钢构件一般需要采用高耐候结构钢，并且其表面应涂刷防腐涂料。钢构件采用冷弯薄壁型钢时，需要符合《冷弯薄壁型钢结构技术规范》（GB 50018—2002）等有关标准规定，以及其壁厚不得小于3.5mm，强度根据实际工程验算确定。

幕墙采用的铝合金型材，需要符合《铝合金建筑型材》（GB/T 5237—2017）所有部分等有关标准规定。铝合金的表面处理层厚度、材质，也需要符合《铝合金建筑型材》（GB/T 5237—2017）所有部分等有关标准规定。幕墙采用的铝合金板材的表面处理层厚度、材质，需要符合《建筑幕墙》（GB/T 21086—2007）等有关标准规定。铝合金幕墙需要根据幕墙面积、使用年限、性能要求，选用铝合金单板、铝塑复合板、铝合金蜂窝板。铝合金板材要达到相关标准、设计等要求，以及具有出厂合格证。

单层铝板需要符合《变形铝及铝合金牌号表示方法》（GB/T 16474—2011）、《变形铝及铝合金状态代号》（GB/T 16475—2008）、《一般工业用铝及铝合金板、带材 第1部分：一般要求》（GB/T 3880.1—2012）等有关标准规定，以及幕墙用单层铝板厚度不得小于2.5mm。

铝塑复合板的上下两层铝合金板的厚度均应为0.5mm，其性能需要符合《建筑幕墙用铝塑复合板》（GB/T 17748—2016）等有关标准规定、要求。铝合金板与夹心层的剥离强度标准值一般需要大于7N/mm。幕墙选用普通型聚乙烯铝塑复合板时，必须符合《建筑设计防火规范》（GB 50016—2014）等有关标准规定、要求。

根据幕墙的使用功能、耐久年限的要求，蜂窝铝板可以针对性地选用10mm、12mm、15mm、20mm、25mm等厚度。厚度在10mm以上的蜂窝铝板，其正背面铝合金板厚度一般为1mm。厚度为10mm的蜂窝铝板一般由1mm厚的正面铝合金板、0.5～0.8mm厚的背面铝合金板与铝蜂窝黏结而成。

根据防腐、装饰、建筑物的耐久年限的要求，对铝合金板材表面进行氟碳树脂处理需要符合有关要求，例如氟碳树脂涂层需要无裂纹、无起泡、无剥落等异常现象。氟碳树脂含量一般不得低于75％。针对不同地区，具有三道或四道、两道氟碳树脂涂层的要求。

幕墙采用的钢材的技术要求、性能试验方法需要符合《碳素结构钢》（GB/T 700—2006）、《优质碳素结构钢》（GB/T 699—2015）、《合金结构钢》（GB/T 3077—2015）、《低合金高强度结构钢》（GB/T 1591—2018）、《结构用冷弯空心型钢》（GB/T 6728—2017）、《碳素结构和低合金结构钢热轧钢板及钢带》（GB/T 3274—2017）、《耐候结构钢》（GB/T 4171—2008）等有关标准规定、要求。

幕墙采用的不锈钢宜采用奥氏体不锈钢材，其技术要求、性能试验方法需要符合《不锈钢棒》（GB/T 1220—2007）、《不锈钢冷轧钢板和钢带》（GB/T 3280—2015）、《耐热钢钢板和钢带》（GB/T 4238—2015）、《冷顶锻用不锈钢丝》（GB/T 4232—2019）、《形状和位置公差　未注公差值》（GB/T 1184—1996）等有关标准规定、要求。

不锈钢材主要性能试验方法需要符合《金属材料拉伸试验 第1部分：室温试验方法》（GB/T 228.1—2010）、《金属材料弯曲力学性能试验方法》（YB/T 5349—2014）等有关标准规定、要求。

3.4.3　建筑密封材料

密封胶条的技术要求、性能试验方法需要符合《工业用橡胶板》（GB/T 5574—2008）、《建筑窗用弹性密封胶》（JC/T 485—2007）等有关标准规定、要求。

密封胶条主要性能试验方法需要符合《硫化橡胶或热塑性橡胶　密度的测定》（GB/T 533—2008）等有关标准规定、要求。

幕墙采用的橡胶制品一般采用三元乙丙橡胶、氯丁橡胶。

密封胶条应为挤出成型，橡胶块应为压模成型。幕墙一般需要采用中性硅酮耐候密封胶，其性能要求见表3-16。

表3-16　幕墙用中性硅酮耐候密封胶性能要求

项　目	金属幕墙用	石材幕墙用
流淌性	无流淌	≤1.0mm
初期固化时间（≥25℃）/d	3	4
邵氏硬度	20～30	15～25
极限拉伸强度/MPa	0.11～0.14	≥1.79
断裂延伸率	—	≥300%
撕裂强度/（N/mm）	3.8N/mm	—
固化后的变位承受能力	25%≤δ≤50%	δ≥50%
有效期/月	9～12	
表干时间/h	1～1.5	
完全固化时间（相对湿度≥50%，温度25℃±2℃）/d	7～14	
施工温度/℃	5～48	
污染性	无污染	

3.4.4　硅酮结构密封胶

硅酮结构密封胶可以分单组分、双组分类型。幕墙需要选择采用中性硅酮结构密封胶，其性能需要符合《建筑用硅酮结构密封胶》（GB 16776—2005）等有关标准规定、要求。

同一幕墙工程需要选择采用同一品牌的硅酮结构密封胶、硅酮耐候密封胶配套使用，同一幕墙工程应采用同一品牌的单组分或双组分的硅酮结构密封胶。

选择采用的硅酮结构密封胶应在保质期、有效期内使用，并且具有质量证书。应用于石材幕墙的硅酮结构密封胶，还应具有无污染的试验报告。

3.4.5　幕墙材料的线膨胀系数

幕墙材料的线膨胀系数采用参考规定见表 3-17。

表 3-17　　　　幕墙材料的线膨胀系数采用参考规定　　（单位：℃$^{-1}$）

材料	α	材料	α
不锈钢板	1.80×10^{-5}	钢材	1.20×10^{-5}
瓷板	0.60×10^{-5}	铝合金型材	2.35×10^{-5}
微晶玻璃	0.61×10^{-5}	陶板	0.70×10^{-5}
木纤维板	2.20×10^{-5}	花岗石板	0.80×10^{-5}
玻璃纤维板	0.85×10^{-5}	纤维水泥板	1.00×10^{-5}

3.4.6　幕墙材料的泊松比

幕墙材料的泊松比采用参考规定见表 3-18。

表 3-18　　　　幕墙材料的泊松比采用参考规定

材料	ν	材料	ν
钢、不锈钢	0.30	铝合金型材	0.30
瓷板	0.25	陶板	0.13
花岗石板	0.13	微晶玻璃板	0.20
纤维水泥板	0.25	木纤维板	0.30
石材蜂窝板	0.30	玻璃纤维板	0.30

3.4.7　幕墙材料的弹性模量

幕墙材料的弹性模量采用参考规定见表 3-19。

表 3-19　　　　幕墙材料的弹性模量采用参考规定　　（单位：N/mm^2）

材料	材料的弹性模量
钢、不锈钢	2.06×10^5
铝合金型材	0.70×10^5
瓷板	0.60×10^5
石灰石板	0.46×10^5

续表

材　料	材料的弹性模量
木纤维板	0.09×10^5
纤维水泥板	0.14×10^5
玻璃纤维板	$0.23 \times 10^5 \sim 0.29 \times 10^5$
陶板	0.20×10^5
微晶玻璃	0.81×10^5
花岗石板	0.80×10^5
砂岩石板	0.55×10^5

3.4.8　耐候钢的强度设计值

耐候钢的强度采用参考规定见表3-20。

表3-20　　　耐候钢的强度采用参考规定　　（单位：N/mm²）

钢　号	厚度 t/mm	下限屈服强度	端面承压	抗拉	抗剪
Q235NH	$t \leqslant 16$	235	295	215	125
Q295NH	$t \leqslant 16$	295	345	270	155
	$16 < t \leqslant 40$	285	345	260	150
Q355GNH（热轧）	$t \leqslant 16$	355	400	325	190
	$16 < t \leqslant 40$	345	400	315	185
Q460NH	$t \leqslant 16$	460	450	415	240
	$16 < t \leqslant 40$	450	450	405	235
Q295GNH（Q295GNHL）	$t \leqslant 16$	295	345	270	155
	$16 < t \leqslant 40$	285	345	260	150
Q355NH	$t \leqslant 16$	355	400	325	190
	$16 < t \leqslant 40$	345	400	315	185

3.4.9　常用不锈钢型材和棒材的强度设计值

常用不锈钢型材、棒材的强度设计值采用参考规定见表3-21。

表 3‑21　常用不锈钢型材、棒材的强度设计值采用参考规定

（单位：N/mm²）

统一数字代号	牌　号	抗拉强度 f	抗剪强度 f_v	端面承压强度 f_{cs}	规定非比例延伸强度 $R_{P0.2}^b$
S30408	06Cr19Ni10（0Cr18Ni9）	180	100	250	205
S30458	06Cr19Ni10N（0Cr19Ni9N）	240	140	315	275
S30403	022Cr19Ni10（00Cr19Ni10）	155	90	220	175
S30453	022Cr19Ni10N（00Cr18Ni10N）	215	125	280	245
S31608	06Cr17Ni12Mo2（0Cr17Ni12Mo2）	180	100	250	205
S31658	06Cr17Ni12Mo2N（0Cr17Ni12Mo2N）	240	140	315	275
S31603	022Cr17Ni12Mo2（00Cr17Ni14Mo2）	155	90	220	175
S31653	022Cr17Ni12Mo2N（00Cr17Ni13Mo2N）	215	125	280	245

3.4.10　铝合金型材的强度设计值

铝合金型材的强度设计值采用参考规定见表 3‑22。

表 3‑22　铝合金型材的强度设计值采用参考规定

合金状态	合金	壁厚/mm	抗拉、抗压强度	抗剪强度
6063	T5	所有	85.5	49.6
	T6	所有	140.0	81.2
6063A	T5	≤10	124.4	72.2
		>10	116.6	67.6
	T6	≤10	147.7	85.7
		>10	140.0	81.2
6061	T4	所有	85.5	49.6
	T6	所有	190.5	110.5

（表头"强度设计值/MPa"下分为"抗拉、抗压强度"与"抗剪强度"两列）

3.5 水泥与混凝土

3.5.1 水泥概述

水泥是一种水硬性无机胶凝材料,其可以用于装修装饰工程、建筑工程。常见的水泥一般采用袋装,如图3-3所示。

图3-3 常见的袋装水泥

水泥与水混合后,经过一系列物理、化学作用,由一种可塑性浆体会变成一种坚硬的石状固体。水泥既能够在空气中硬化,也能够在水中硬化。

根据性能与用途,水泥可以分为通用水泥、专用水泥、特性水泥等类型。其中,通用水泥是指用于一般土木工程中的水泥,主要有通用硅酸盐水泥。专用水泥是指具有专门用途的水泥。特性水泥是指具有某些性能比较突出的一种水泥。

平时说的黑水泥一般指的是普通硅酸盐水泥。普通硅酸盐水泥属于通用硅酸盐水泥的一种。通用硅酸盐水泥的化学指标见表3-23。通用硅酸盐水泥的组分见表3-24。通用硅酸盐水泥的强度等级见表3-25。

表 3-23　　　　　　通用硅酸盐水泥的化学指标

品　种	代号	不溶物（质量分数）/%	烧失量（质量分数）/%	三氧化硫（质量分数）/%	氧化镁（质量分数）/%	氯离子（质量分数）/%
硅酸盐水泥	P·Ⅰ	≤0.75	≤3.0	≤3.5	≤5.0	≤0.06
	P·Ⅱ	≤1.50	≤3.5			
普通硅酸盐水泥	P·O	—	≤5.0			
矿渣硅酸盐水泥	P·S·A	—	—	≤4.0	≤6.0	
	P·S·B	—	—		—	
火山灰质硅酸盐水泥	P·P	—	—	≤3.5	≤6.0	
粉煤灰硅酸盐水泥	P·F	—	—			
复合硅酸盐水泥	P·C	—	—			

表 3-24　　　　　　通用硅酸盐水泥的组分

品　种	代号	熟料+石膏	粒化高炉矿渣	火山灰质混合材料	粉煤灰	石灰石
硅酸盐水泥	P·Ⅰ	100	—	—	—	—
	P·Ⅱ	≥95	≤5	—	—	—
		≥95	—	—	—	≤5
普通硅酸盐水泥	P·O	≥80且<95	>5且≤20			—
粉煤灰硅酸盐水泥	P·F	≥60且<80	—	—	>20且≤40	
复合硅酸盐水泥	P·C	≥50且<80	>20且≤50			

续表

品　种	代号	组　分/%			
^	^	熟料+石膏	粒化高炉矿渣	火山灰质混合材料	粉煤灰	石灰石
矿渣硅酸盐水泥	P·S·A	≥50且<80	>20且≤50	—	—	—
^	P·S·B	≥30且<50	>50且≤70	—	—	—
火山灰质硅酸盐水泥	P·P	≥60且<80	—	>20且≤40	—	—

表 3-25　　通用硅酸盐水泥的强度等级

类　型	强　度　等　级
硅酸盐水泥	42.5、42.5R、52.5、52.5R、62.5、62.5R
矿渣硅酸盐水泥、火山灰质硅酸盐水泥、粉煤灰硅酸盐水泥、复合硅酸盐水泥	32.5、32.5R、42.5、42.5R、52.5、52.5R
普通硅酸盐水泥	42.5、42.5R、52.5、52.5R

硅酸盐水泥的特性主要有凝结时间、安定性、细度、强度。

（1）安定性。

1）安定性主要用于表征水泥浆体硬化后，是否发生不均匀体积变化的性能指标。

2）引起水泥体积安定性不良的主要原因是在水泥熟料中游离氧化钙或氧化镁含量过高、石膏掺量过多导致的水泥中的三氧化硫含量偏高等原因引起的。

（2）凝结时间。

1）水泥的凝结时间一般以标准试针沉入标准稠度水泥净浆到一定深度所需时间来表示。

2）水泥的凝结时间，分为初凝时间、终凝时间。

3）初凝时间就是指从水泥全部加入水中到初凝状态所经历

的时间。

4)初凝时间太短,将会影响混凝土的搅拌、运输、浇捣等施工工序的正常进行。

5)终凝时间就是指从水泥全部加入水中到终凝状态所经历的时间。

(3)强度。

1)水泥强度是评价水泥质量、确定水泥强度等级的重要指标,也是水泥混凝土、砂浆配合比设计的重要计算参数。

2)水泥强度与水泥熟料矿物组成、细度、水灰比、试件制作方法、养护时间、养护条件等有关。

(4)细度。

1)细度就是表示水泥颗粒粗细程度、水泥分散度的指标。

2)细度对水泥的水化硬化速度、和易性、水泥需水量、放热速率、强度等有影响。

3)相同矿物组成的水泥,一般细度愈大,凝结速度愈快,早期强度愈高。

水泥选用的参考方法见表3-26。

表3-26 水泥选用的参考方法

类型	混凝土工程特点、所处环境条件	优先选用	可以选用	不宜选用
有特殊要求的混凝土	要求快硬、高强(>C40)	硅酸盐水泥	普通水泥	火山灰水泥、矿渣水泥、粉煤灰水泥、复合水泥
	严寒地区的露天、寒冷地区处于水位升降范围内	普通水泥	矿渣水泥(强度等级>32.5)	火山灰水泥、粉煤灰水泥

续表

类型	混凝土工程特点、所处环境条件	优先选用	可以选用	不宜选用
有特殊要求的混凝土	严寒地区处于水位升降范围内	普通水泥（强度等级＞42.5）	—	矿渣水泥、火山灰水泥、粉煤灰水泥、复合水泥
	有抗渗要求的混凝土	普通水泥、火山灰水泥	—	矿渣水泥、粉煤灰水泥
	有耐磨性要求	硅酸盐水泥、普通水泥	矿渣水泥（强度等级＞32.5）	火山灰水泥、粉煤灰水泥
	受侵蚀性介质作用	火山灰水泥、矿渣水泥、粉煤灰水泥、复合水泥	—	硅酸盐水泥、普通水泥
普通混凝土	一般气候环境中	普通水泥	火山灰水泥、粉煤灰水泥、矿渣水泥、复合水泥	—
	干燥环境中	普通水泥	矿渣水泥	火山灰水泥、粉煤灰水泥
	高湿度环境中期或长期处于水中	火山灰水泥、粉煤灰水泥、矿渣水泥、复合水泥	普通水泥	—
	厚大体积的混凝土	火山灰水泥、粉煤灰水泥、矿渣水泥、复合水泥	普通水泥	硅酸盐水泥

白水泥是白色硅酸盐水泥的简称。白水泥主要用来勾白瓷片的缝隙。因其强度不高，一般不用于墙面。白色硅酸盐水泥是由白色硅酸盐水泥熟料，加入适量石膏与混合材料磨细制成的一种水硬性胶凝材料。工程应用中，注意黑水泥与白水泥不能混用。

3.5.2 道路硅酸盐水泥

道路硅酸盐水泥是一种道路专用水泥。道路硅酸盐水泥一般是由道路硅酸盐水泥熟料、适量石膏、质量满足要求的混合材料磨细制成的一种水硬性胶凝材料。根据道路混凝土结构的使用特点，道路水泥应具备的主要特性有高耐磨性、低干缩性、高抗折强度。

道路水泥适用于道路路面、机场跑道道面、城市广场铺面、城市道路水泥制成的路面砖铺设等工程。

路缘石、植草砖产品的水泥一般是道路专用的硅酸盐水泥。

道路硅酸盐水泥各龄期的强度要求见表3-27。

表3-27　道路硅酸盐水泥各龄期的强度要求

强度等级	抗压强度/MPa		抗折强度/MPa	
	3d	28d	3d	28d
7.5	≥21.0	≥42.5	≥4.0	≥7.5
8.5	≥26.0	≥52.5	≥5.0	≥8.5

知识小提示：

道路专用水泥混凝土主要成分有外加剂、细集料、粗集料、粉煤灰、水泥等。影响水泥混凝土强度的主要因素有养护条件、水泥强度与水灰比等。

3.5.3 混凝土

混凝土一般是由水泥、水、粗集料、细集料根据适当比例配合，必要时掺加适量外加剂、掺和料、其他改性材料配制而成的一种混合物。其中，细集料常见的为石子、砂子（图3-4）。水泥起胶凝、填充作用。集料主要起骨架、密实作用。

图3-4 砂子

水泥与水发生水化反应会生成一种具有胶凝作用的水化物，并且能够将集料颗粒牢固地黏结成整体，等经过一定凝结硬化时间后会形成混凝土。

强度是评定混凝土质量的重要指标，也是混凝土重要的力学性质。混凝土强度指标主要包括轴心抗压强度、弯拉强度、抗压强度、劈裂抗拉强度等。

（1）抗压强度。

1）混凝土的立方体抗压强度标准值是指根据标准方法制作、养护边长150mm的立方体试件，在28d龄期，采用标准试验方法测得的抗压强度总体分布的平均值减去1.645倍的标准差。强度标准值的保证率不低于95%。

2）混凝土的强度等级是根据立方体抗压强度标准值确定的。强度等级采用符号C与立方体抗压强度标准值两项来表示。

（2）劈裂抗拉强度。普通钢筋混凝土结构中抗拉强度对混凝土的抗裂性起着重要作用。

（3）弯拉强度。道路工程等工程中，混凝土结构主要承受荷载的弯拉作用，为此，弯拉强度是路面混凝土结构重要指标。

(4) 轴心抗压强度。

1) 混凝土的抗压强度是采用立方体试件来确定的。

2) 钢筋混凝土结构中,计算轴心受压构件时,一般以混凝土的轴心抗压强度为设计指标。

第4章 石材设计与加工

4.1 石材设计

4.1.1 建筑装饰室内石材工程

1. 概述

（1）设计选择有纹理的石材时，一般宜注明石材的纹理走向。

（2）石材尺寸，一般宜选择采用标准化、模数化，并且单块石材面积一般不宜大于 $2m^2$。

（3）石材面板上各专业设备、末端的布置，位置要合理、要有规律、开孔位置要避开石材的钢骨架。

（4）石材装饰设计，一般宜与其他专业配合，有的项目需要绘制出综合布置图。

（5）室内装饰石材工程设计，一般需要根据石材的物理性能、化学性能、建筑物的类别、使用功能、所处环境、建筑美学、艺术效果等，在经济、技术等方面综合分析基础上，进行细部节点构造、材料选择、施工方案等方面的设计。

（6）室内装饰石材工程设计时，一般需要根据具体项目使用环境、安装部位选用适宜的室内石材品种、安装方式、防护措施。

（7）室内装饰石材工程设计选择天然石材时，一般需要结合天然石材的自然属性、实际情况，对色彩、纹路、使用部位主次等方面进行合理运用。

（8）当人造石板材设计湿贴施工时，一般宜采用专用胶黏剂、填缝剂，不要采用普通硅酸盐水泥砂浆等碱性较强的黏结材料。

（9）墙、顶的石材饰面板与钢骨架在建筑变形缝处，一般要断开。

（10）设计石材面板在建筑结构的变形缝处，要保证变形缝的变形功能与饰面的完整性美观。

（11）石材的尺寸与分缝，一般宜与建筑物柱网尺寸的模数相配合。

（12）石材面板在建筑结构的变形缝处，要考虑设计阻火带、止水带。

（13）石材墙柱面、地面、吊顶的分缝，一般宜对缝或有规律的设置。

（14）装修后建筑变形缝的变形功能，要保证墙、顶、地在变形缝地方的闭合贯通性。

（15）留设的墙、顶、地面的装修伸缩缝，一般宜满足饰面板与基层材料的变形的需要。

2. 结构设计要求

（1）建筑装饰室内石材工程钢骨架的设计，一般需要满足《钢结构设计标准》（GB 50017—2017）、《金属与石材幕墙工程技术规范》（JGJ 133—2001）等有关标准规范的规定与要求。

（2）角钢钢横梁两端与钢立柱，如果采用单边贴角焊缝时，则焊缝高度要大于 3mm。

（3）角钢钢横梁两端与钢立柱，一般需要采用焊接或螺栓连接固定。

（4）设计选择不锈钢干挂件，则其宽度不得小于 40mm，壁厚不得小于 3mm。

（5）设计选择角钢钢横梁，则其最小断面一般为 40mm×

40mm×4mm，挠度一般小于跨度的 1/200。

（6）室内石材工程钢骨架，一般宜采用 Q235 普通碳素钢型钢。特殊情况时，可以采用不锈钢型钢。

（7）墙面石材设计采用干挂法时，背栓直径一般不小于 6mm，孔深一般不大于 2/3 板厚，以及不小于 7mm。

（8）墙面石材设计采用干挂法时，挂点到板边缘的距离一般不大于 150mm、不小于 100mm。

（9）墙面石材设计采用干挂法时，挂件中心距一般不得大于 700mm。

（10）墙面石材设计采用干挂法时，每块板上挂点一般不少于 4 个。

（11）墙面石材设计采用干粘法时，一般选择采用环氧胶黏剂将石材面板与钢构件黏结，并且每块板上黏结点不少于 4 个，每个黏结点的黏结面积不小于 40mm×40mm，黏结点中心距板边不大于 150mm 并且不小于 100mm，两黏结点中心距不大于 700mm。另外，在钢构件黏结点中心一般钻 $\phi 6$ 孔。

（12）室内石材工程设计采用钢立柱时，如果钢立柱上端不能够与结构直接连接，则可以选择型钢转换系统进行转接。

（13）室内石材工程设计采用钢立柱时，如果主体结构为混凝土时，则可以选择直径不小于 10mm 的不锈钢，或者电镀锌膨胀锚栓将钢立柱锚固在混凝土上，以及锚固点要位于混凝土锚固部位的中部，并且距混凝土边缘不少于 50mm。

（14）室内石材工程设计采用钢立柱时，一般设计选择槽钢。如果结构选择用冷弯空心型钢时，则可以选择最小壁厚不小于 3mm 的冷弯空心型钢。

（15）室内石材工程设计采用钢立柱时，则钢立柱要与主体结构连接固定。

（16）室内石材工程设计采用钢立柱时，常用钢型材立柱侧向最大支撑点参考间距要求见表 4-1。

表 4-1　　常用钢型材立柱侧向最大支撑点参考间距

项　目	型　钢					
	[8	[10	[12.6	[14	□40×3	□50×3	[6.3
建议施工控制侧向支撑点间距/m	≤2.4	≤2.7	≤3.0	≤3.3	≤2.8	≤3.5	≤2.2
最小回转半径/cm	1.27	1.41	1.57	1.70	1.49	1.85	1.19
理论侧向支撑点间距/m	2.54	2.82	3.14	3.40	2.98	3.69	2.38

3. 墙柱面设计与要求

（1）设计选择石材墙柱面面板的安装方法时，一般需要根据使用部位、效果情况选择干挂法、干粘法、湿贴法中的一种。

（2）墙柱面设计采用质地较脆的石材时，则装饰面棱边一般需要做倒角处理。

（3）设计选择天然石材花线时，可以选择在工厂将石材花线与墙面石材板用环氧胶黏剂组合成一体，以及采用不锈钢件加强。

（4）如果存在外挑的石材大柱头、凸出墙面的大型装饰线条、倾斜安装的饰面石材，则一般需要设计可靠的防坠落、防倾覆等措施。

（5）墙面上有大型壁灯时，则一般需要配合电气专业完成面板开孔的尺寸、灯具预埋件的安装、灯具位置等的设计。

（6）高度不超过 6m 的石材墙面，可以设计选择湿贴法安装。

（7）高度不超过 8m 的石材墙面，可以设计选择干粘法安装。

（8）当石材圆柱设计选择多块圆弧板拼接，则圆弧板分块数量需要综合考虑石材荒料大小、方便施工等情况。

（9）石材墙柱面设计选择干挂法安装时，则粗糙面天然石材饰面板厚度一般不小于 23mm，细面天然石材饰面板厚度一般不小于 20mm，中密度石灰石或石英砂岩板厚度一般不小于

25mm，人造石材饰面板厚度一般不小于18mm。

（10）双帘防火卷帘门竖轨的地方，防火封堵构造需要具有防止封堵材料脱落的措施，以及具有相应的自重承载能力、耐久性。

（11）双帘防火卷帘门竖轨的地方，竖轨与土建结构间、两条竖轨间的间隙需要符合有关标准、规范等的要求。

4．吊顶设计与要求

（1）吊顶设计时，一般需要与其他专业相互配合，以及确定好所开孔位置、开孔尺寸、吊顶使用要求、吊顶美观要求等。

（2）石材铝蜂窝复合板吊顶，可以设计选择专用铝合金型材龙骨＋专用异型螺母预埋挂件，并且次龙骨挂点间距不大于1000mm，每块板上挂点均不少于4个。

（3）石材铝蜂窝复合板吊顶板，板缝与墙面的分缝，一般需要设计对齐，或者有规律的相联。

（4）石材铝蜂窝复合板吊顶板，一般需要设计板缝，短边板缝一般不小于2mm，长边板缝一般不小于4mm。

（5）石材铝蜂窝复合板做室内吊顶材料时，石材铝蜂窝复合板吊顶分块尺寸宽度一般不大于1.2m。

（6）石材铝蜂窝复合板做室内吊顶材料时，一般设计为平面顶，并且石材铝蜂窝复合板厚度一般不小于15mm，长度一般不大于2.4m。

（7）石材饰面吊顶一般不设计直接采用天然石材。

（8）梁底只能够设计选用饰面石材面板时，则可以设计选择背栓连接件安装石材面板，并且钢骨架上具有防石材坠落等措施。

（9）梁底只能够设计选用饰面石材面板时，选择背栓连接件安装石材面板的背栓连接点间距，需要设计不大于600mm。

5．地面设计与要求

（1）设计选用地面石材时，一般宜优先选用耐磨度高的石材。

（2）设计选择地面石材时，一般需要考虑石材的色彩、石材的纹理、石材的花饰、石材品种特性等要素。

（3）不同场所，选择的天然石材耐磨度要求见表4-2。

表4-2　　　　选择的天然石材耐磨度要求

场　　所	耐磨度/cm^{-3}
重磨损场所（公共区域、楼梯跑步、站台等）	$\geqslant 12$
不同品种的天然石材拼接时，相邻石材耐磨度差值	$\leqslant 5$
轻磨损场所（住宅）	$\geqslant 8$
中磨损场所（办公、电梯间、酒店大堂）	$\geqslant 10$

（4）设计选择地面石材时，往往需要根据地面石材工程不同部位进行设计选择。室内潮湿石材地面工程防滑性能要求见表4-3。室内干态石材地面工程防滑性能要求见表4-4。

表4-3　　　室内潮湿石材地面工程防滑性能要求

部　　位	防滑等级
室内普通地面	D_W
超市水产部、室内菜市场、餐饮操作间	C_W
建筑出口平台	B_W
坡道、无障碍步道	A_W
楼梯踏步	A_W
铁路、地铁站台	A_W
室内游泳池、浴室	A_W

表4-4　　　室内干态石材地面工程防滑性能要求

部　　位	防滑等级
室内普通地面	D_d
宾馆大堂、候机大厅、候车室、餐厅、电梯间、门厅	C_d
游泳池更衣间、厕浴	B_d
室内坡道、台阶、楼梯踏步	A_d

(5) 设计选择地面石材时,石材的防滑性需要满足现行有关标准。

(6) 地面干态防滑性能分级见表 4-5。地面湿态防滑性能分级见表 4-6。

表 4-5　　　　　地面干态防滑性能分级

防滑等级	静摩擦系数 COF	防滑安全程度
A_d	COF≥0.70	高
B_d	0.60≤COF<0.70	中高
C_d	0.50≤COF<0.60	中
D_d	COF<0.50	低

表 4-6　　　　　地面湿态防滑性能分级

防滑等级	防滑值 BPN	防滑安全程度
A_W	BPN≥80	高
B_W	60≤BPN<80	中高
C_W	45≤BPN<60	中
D_W	BPN<45	低

(7) 寒冷地区的出入口的交接处地面石材的装修伸缩缝,则其一般不小于 4mm。

(8) 设计大面积石材地面,可能需要保留建筑物原有的建筑变形缝外,还要设置装修伸缩缝。设置的装修伸缩缝宽度一般不小于 4mm,间隔不大于 18m。

(9) 设计选择人造石材作地面材料时,则人造石规格一般不大于 800mm×800mm,并且设置接缝。人造石材铺装接缝要求见表 4-7。如果是寒冷地区的出入口附近的接缝,则应在 3~5m 内适当加宽接缝。

表 4-7　　　　　　　　人造石材铺装接缝要求　　　　（单位：mm）

边长规格 L	最小缝宽
$L \leqslant 400$	2
$400 < L \leqslant 600$	3
$600 < L \leqslant 800$	4

（10）设计特定石材马赛克地面图案时，往往需要标注图案的分块部位、分块颜色、分块尺寸、弧线中心位置、半径等参数。

（11）设计天然石材地面时，有的需要根据工程项目性质、质量要求、艺术效果等需要，提出整体研磨、晶硬处理等工艺处理要求。

（12）设计地面图案时，需要注意地面图案整体尺寸要与周边地面石材尺寸、墙（柱）的阳角配合、建筑轴线位置配合的协调，还要注意图案绘制的比例、图案纵横轴线要标出图案所用材料等要求。

6. 弧形楼梯设计与要求

（1）设计建筑装饰室内石材工程弧形楼梯时，需要符合《建筑模数协调标准》（GB/T 50002—2013）、《民用建筑设计统一标准》（GB 50352—2019）等规定。

（2）设计建筑装饰室内石材工程弧形楼梯时，一般要绘制护栏与圆弧板的立面展开图。

（3）弧形楼梯装饰设计深化图的圆心，一般需要与结构设计的圆心重合。

（4）弧形楼梯最内、最外装饰面尺寸，一般需要根据结构设计尺寸内缩与外扩 100mm。

（5）设计弧形楼梯的护栏时，注意协调一致：护栏内外侧圆弧板的竖缝要与踏步立板分缝协调一致、石材盖板的分缝要与护栏的立柱位置协调一致。

(6）设计弧形楼梯的踏步时，踏板防滑要符合有关规定，踏步立板面一般要与侧板分块线对齐，踏板分块线一般要与立板分块线对齐，踏步一般根据同心圆径向分格等要求。

（7）设计建筑装饰室内石材工程弧形楼梯时，需要先对结构楼梯的尺寸进行现场复测。

4.1.2 金属与石材幕墙工程

1. 金属与石材幕墙工程性能

金属与石材幕墙的构图、色调、线型等立面构成，需要与建筑物立面其他部位协调。金属或石材幕墙的结构形式、立面构成、材料品质，需要满足建筑立面要求、建筑使用功能、技术经济能力等情况。

设计时，选择金属与石材幕墙，还需要注意幕墙维护、清洗的方便性、安全性。

幕墙的性能项目常见的有耐撞击性能、雨水渗漏性能、空气渗透性能、风压变形性能、隔声性能、平面内变形性能、保温性能等。

幕墙的性能等级的确定，一般可以根据建筑的高度、建筑的体型、建筑周围环境、建筑所在地的气候条件、建筑所在地的地理位置等来考虑。

幕墙的平面内变形性能，一般根据主体结构弹性层间位移值的 3 倍确定。在允许的相对位移范围内，幕墙的平面内变形性能不得损坏幕墙。

幕墙在风荷载标准值除以阵风系数后的风荷载值作用下，不得发生雨水渗漏异常现象。

幕墙构架的立柱与横梁在风荷载标准值作用下，型材的挠度要求见表 4-8。

表 4-8　　　　　　　　型材的挠度要求

项　目	挠度要求
钢型材的相对挠度（幕墙构架的立柱与横梁在风荷载标准值作用下）	不应大于 $l/300$（l 为立柱或横梁两支点间的跨度）
钢型材的绝对挠度（幕墙构架的立柱与横梁在风荷载标准值作用下）	不应大于 15mm
铝合金型材的相对挠度（幕墙构架的立柱与横梁在风荷载标准值作用下）	不应大于 $l/180$
铝合金型材的绝对挠度（幕墙构架的立柱与横梁在风荷载标准值作用下）	不应大于 20mm

知识小提示：

石材幕墙中的单块石材板面面积，一般不宜大于 $1.5m^2$。

2. 金属与石材幕墙工程的构造

金属与石材幕墙可以根据围护结构来确定，幕墙的主要构件是悬挂在主体结构上。幕墙构架立柱的连接金属角码与其他连接件，一般采用螺栓连接，并且螺栓垫板具有防滑措施。

幕墙与其连接件，需要具有足够的承载力、刚度和相对于主体结构的位移能力等要求。幕墙构件在重力荷载、设计风荷载、设防烈度地震作用、温度作用、主体结构变形影响下，需要具有一定的安全性。幕墙的骨架材料需要符合设计要求。施工时幕墙的骨架如图 4-1 所示。

幕墙的保温材料可以与石板、金属板结合在一起，但一般需要与主体结构外表面有 50mm 以上的空气层。幕墙的钢框架结构，一般设有温度变形缝。

主体结构的伸缩缝、抗震缝、沉降缝等部位的幕墙，需要考虑保证外墙面的完整性、功能性、可实现性。

图 4-1 施工时幕墙的骨架

上下短槽式、上下通槽式的石材幕墙，均需要有安全措施，以及方便维修的要求。

上下用钢销支撑的石材幕墙，一般在石板的两个侧面另采取安全措施，以及方便维修的要求。有的在石板背面的中心区另采取安全措施，以及方便维修的要求。

幕墙中不同的金属材料接触处，除了不锈钢外，其他一般要设置耐热的环氧树脂玻璃纤维布，或者尼龙垫片。

小单元幕墙的每一块石板构件、金属板构件一般要独立的，以及不得影响左右、上下构件。

幕墙构架的立柱、横梁的截面形式，一般可以根据等压原理来确定。采用无硅酮耐候密封胶时，需要考虑有可靠的防风雨措施。

明框幕墙、单元幕墙需要考虑泄水孔。石材幕墙的外表面一般不宜有排水管。

有抗震要求的幕墙，在设防烈度地震作用下经修理后幕墙要仍可以使用，以及在罕遇地震作用下，幕墙骨架不得脱落等异常现象。

幕墙材料自重标准值采用的参考数值见表4-9。

表4-9　　　　幕墙材料自重标准值采用的参考数值（单位：kN/m³）

幕墙材料	自重标准值参考数值
钢材	78.5
花岗石	28
矿棉、玻璃棉、岩棉	0.5～1
铝合金	28

幕墙用板材单位面积重力标准值参考数值见表4-10。

表4-10　　　幕墙用板材单位面积重力标准值参考数值

（单位：N/m²）

幕墙用板材	厚度/mm	单位面积重力标准值参考值/（N/m²）	幕墙用板材	厚度/mm	单位面积重力标准值参考值/（N/m²）
不锈钢板	1.5	117.8	单层铝板	2.5	67.5
	2	157		3	81
	2.5	196.3		4	112
	3	235.5	铝塑复合板	4	55
				6	73.6
花岗石板	20	500～560	蜂窝铝板（铝箔芯）	10	53
	25	625～700		15	70
	30	750～840		20	74

知识小提示：

单元幕墙的吊挂处、连接的地方，其铝合金型材的厚度，一般需要经过计算来确定，并且要求不得小于5mm。

用于石材幕墙的石板，厚度一般不应小于25mm。钢销式石材幕墙应用在非抗震设计或6度、7度抗震设计幕墙中，幕墙高度不宜大于 20m，石板面积不宜大于 $1.0m^2$，连接板截面尺寸不宜小于 $40mm×4mm$。钢销、连接板需要采用不锈钢。

钢销式石材幕墙连接的方式有两侧连接、四侧连接，如图 4-2 所示。

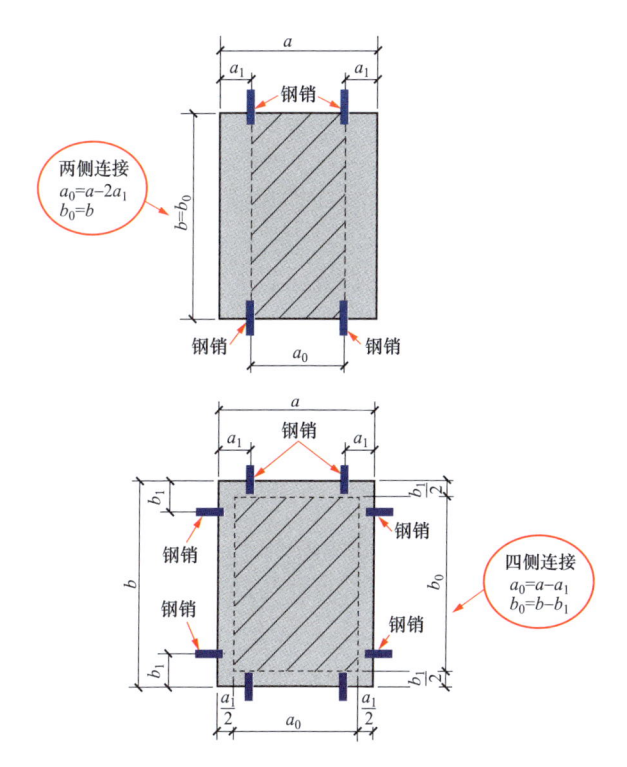

图 4-2 钢销式石材幕墙连接方式

知识小提示：

四侧连接时，计算长度可以取为边长减去钢销到板边的距离。两侧连接时，支承边的计算边长可以取为钢销的距离，非支承边的计算长度取为边长。

4.1.3 石材花纹

1. 线状花纹

（1）石材采用变径形花纹，则使人感到僵硬。

（2）石材采用细形花纹，则具有使人感到精致、单薄。

（3）石材采用折线式粗、细纹组合花纹，具有节奏感、艺术变幻感、空间立体感等。

（4）石材采用折线纹与曲线构成类似的折线状花纹，则具有增加图案艺术性、圆滑性，使人感到活泼、神秘、不安定。

（5）石材采用折线纹与直线构成的折线状花纹，则具有规律性感。

（6）石材采用粗花纹为主导，细花纹做次要方向求得存异、反衬，达到感染力。

（7）石材采用单体粗壮花纹，则具有给人感到粗壮有力。

（8）石材采用弧形花纹，则具有饱满感、柔和感。

（9）石材采用抛物线形花纹，则具有速度感、现代感。

（10）石材采用趋向粗而密直的骨骼类花纹，具有粗壮、笨拙、坚固等特点，则空间有被缩小感。

（11）石材采用趋向粗而稀疏的骨骼类花纹，具有粗犷、刚直、豪放，则空间有被扩大感。

（12）石材采用趋向细而密直的骨骼类花纹，则具有给人华丽辉煌感、精致感、细腻感。

（13）石材采用趋向细直纹、纹间距稀疏的骨骼类花纹，具有单薄、细小、敏锐、脆弱等特点，则装饰的空间使人感到敞亮、扩大。

2. 点状花纹

（1）大多数石材晶粒结构的排列是比较有规律的，其可装饰性强。有些石材上的斑点斑块形状变化、形式变化无规律。点状花纹，有的可以在无规律的石材上制作。

(2) 石材制品的表面上，点状花纹所构成的面积有大有小，颜色、色差、形状、形象性也不完全相同。

(3) 单点花纹，可以产生增强某一位置、控制中心的效果。

(4) 有序排列的多个小点花纹，能够使空间显得安静、秩序井然、具有方向性感等特点。

(5) 散点、群式花纹，能够使饰面显得无方向感，以及使人产生消极空间的联想。但是，该类花纹能够与饰面融为一体。

3. 花纹走向

花纹根据走向有倾向于倾斜方向的花纹、趋向垂直方向的花纹、趋向直线的花纹和直线花纹。

(1) 倾向于倾斜方向的花纹。

1) 如果地面饰面中采用锐角形分格线时，则具有深远感、透视感。

2) 如果石材饰面板材表面花纹呈现倾斜形状，或者直线类形状的花纹改做倾斜安装，则具有很强的方向性、动感装饰效果性，以及增强空间活跃的气氛。

3) 如果饰面使用断续形骨骼花纹，则具有使饰面产生流动感。

4) 如果饰面使用对称法构成的三角形，则具有使人有向外扩散、上升感。

5) 如果饰面中使用了许多垂直方向或水平方向的花纹，并且在这些花纹间增加一些斜向花纹，则具有调节、软化直线性格的效果。

6) 如果装饰墙面采用钝角分格，则具有开阔视野、使空间扩大增高感。

(2) 趋向垂直方向花纹。

墙面设计采用趋向垂直方向的直线花纹，则具有增加空间的高耸感、明朗感。

(3) 趋向直线的花纹。

1) 地面饰面设计采用趋向直线的花纹，当花纹的走向为顺着地面长度方向，则饰面地面会显现出纵深感。

2) 地面饰面设计采用趋向直线的花纹，当花纹的走向为与地面长度方向垂直，则饰面地面会显得宽阔感。

3) 运用适合空间分度的尺寸将地面分格处理，则会有纵深感或宽阔感外，还具有变幻效应感。

(4) 直线花纹。

1) 界面划分时，选用直线花纹，则具有明显的条理性、流动感、韵律美。

2) 墙面饰面设计采用直线花纹做水平方向的延伸，则会有宁静、平稳、使空间高度变矮感。

4. 石材拼花图案

(1) 石材发射式花纹图案。

石材自然形状的花纹图案的特点体现在图案为一定形式的发射状态。发射状态的中心，可以是点，也可以是块，也可以是圆形等。发射状态的线条，可以是直线式，也可以是曲线式，也可以是其他式的。

石材发射式花纹图案具有强烈的视觉感。

(2) 石材渐变形式的花纹图案。

石材渐变形式的花纹图案的特点体现在花纹图案颜色的色差渐变，或者明度渐变，或者线条渐变等。总之，石材渐变形式的花纹图案，总有一个或者几个图案元素渐变。

渐变形式的花纹图案往往具有节奏感、创新感、灵动性等效果。

(3) 石材交错形花纹图案。

石材交错形花纹图案的特点体现在图案的交错性，也就是单元图案互相错开，达到隐现、大小、长短、宽窄、明暗等形式。石材交错形花纹图案往往需要采用重复、穿插、点缀、交错、对称、变格等变化手段来实现。

（4）石材连续形花纹图案。

石材连续形花纹图案的特点体现在图案的连续性，因此，石材连续形花纹图案给人一种流动感。

石材连续形花纹图案有一方连续图、二方连续图、四方连续图等种类。其中，二方连续图就是用一个与两个基本形组合成一个单元式样的花纹，以及上下或左右重复排列的一种石材连续形花纹图案。四方连续图就是用一个与两个基本形组合成一个单元式样的花纹，以及根据秩序向四面做反复排列的一种石材连续形花纹图案。

其实，石材连续形花纹图案的类型也就是石材连续形花纹图案重复出现的次数。另外，有的石材中，可能存在两种或者两种以上的单元连续形花纹图案。也有的石材中，单元连续形花纹图案只是局部出现。因此，石材连续形花纹图案又可以再细分。

（5）石材平面立体形效果花纹图案。

石材平面立体形效果花纹图案的特点体现在平面的石材图案呈现立体化视觉效果。为此，该类石材花纹图案往往采用凹凸、多焦点、重叠法、浮雕法、渐变形式、发射形式、密集形式、色彩对比等手法来实现。

采用石材平面立体形效果花纹图案，往往具有视觉感染力、冲击力等效果。

（6）石材突变形花纹图案。

石材突变形花纹图案的特点体现在图案元素之间存在某种突变的现象，从而打破了原有的连贯性趋势。

石材突变形花纹图案往往具有增强艺术性、凸显新奇感等效果。

（7）石材形状密集式花纹图案。

石材形状密集式花纹图案的特点体现在花纹的密集程度高，具有统一感、整体性等效果。

石材形状密集式花纹图案，根据密集的元素，可以分为点密集、线条密集、图形密集等。

（8）石材自然形状的花纹图案。

石材自然形状的花纹图案的特点体现在图案的无规律、自然状态。石材自然形状的花纹图案往往需要根据其线条特点、形状、方向性来布设。

5. 拼组与排版

石材拼组与排版，对于设计而言，就是根据石材铺贴空间与设计美学、要求进行铺贴设想，以便施工作业与现场效果的规划与实现。对于施工而言，就是指将加工出来的石材，根据施工铺贴图纸的平面图的要求，在实际铺贴区域各部位逐一排列铺贴施工作业。

石材拼组与排版效果的好坏，会影响到石材整体铺贴装饰效果。

大型石材拼组与排版，首先需要考虑花纹图案，也就是首先要把拼花考虑好，以拼花的拼组与排版为重中之重。

如果没有花纹图案的大型石材，则与小型无图案薄板石材拼组与排版差不多。小型无图案薄板石材拼组与排版方格形、毛呢形、补位形、风车形、菱形、砖形、跳房子形、阶段形、走道形、网点形、六边形、编篮形、人字形等。也就是说，有的石材的拼组与排版方式与瓷砖的拼组与排版方式差不多。

一些石材颜色越单一、纹理少，每块石板的接缝也会越清晰。如果接缝较大，则往往会削弱石材立面的石质效果。因此，拼组与排版时，需要控制好接缝的宽窄，以免影响美观。

设计选择浅色石材，则可以考虑选择大板石材来拼组与排版，从而可以减小整个表面接缝所占据的比例。

设计选择用颜色与纹理较明显的石材，则可以考虑选择小板石材来拼组与排版，从而使得石材板与石材板结合形成一个统一的整体。

4.2 石材加工

4.2.1 建筑装饰室内石材工程

1. 石材加工一般规定

（1）石材加工，尽量由工厂来完成。

（2）对于易断易碎的板材，可以通过在背面用钢筋或纤维网背胶加固。

（3）工厂加工的石材，一般要根据使用部位、现场条件、设计图等编制工艺图、分块图、加工图排板编号等要求。

（4）石材加工排板时，同一装饰面、相邻部位石材的色调、花纹要基本一致，过渡要自然，符合设计等有关要求。

（5）石材加工前，一般要选料。

（6）石材加工时，不得损伤石材，例如爆角、崩边等异常情况。

（7）加工、护理完成后的石材，要采取防水、防污染、防损伤等保护措施。

2. 金属构件的加工

金属构件加工一些要点如下：

（1）石材工程的钢构件表面需要防锈处理，需要符合《钢结构工程施工质量验收标准》（GB 50205—2020）等有关标准的要求。

（2）石材工程的金属连接件的材质，要符合设计等有关要求。

（3）石材工程的连接件要无裂纹、无凹凸、无翘曲、无毛刺、无变形等缺陷。

（4）用于固定钢立柱的连接件，一般选择 50mm×50mm×5mm 等边角钢加工。

（5）石材工程焊接处的焊渣，要清除干净，并且一般要涂刷二道防锈漆，如图 4-3 所示。

图 4-3　焊接处的焊渣要清除干净

（6）石材工程钢材截料前，一般要校直调整，并且注意钢型材直线度允许偏差为 1/500。

（7）石材工程钢立柱、钢横梁的冲孔、裁切等加工，一般在工厂进行完成，不得采用电焊切割等操作完成。

（8）石材工程金属连接件，一般要进行防腐处理。

（9）石材工程所有镀锌防腐处理的型材，打孔、切割后要涂刷防锈漆。

（10）弧形钢横梁加工，可以选择冷弯加工。弯加工后构件需要无皱折、无凹凸等异常现象。

弧形钢横梁冷弯加工尺寸参考允许偏差见表 4-11。

表 4-11　弧形钢横梁冷弯加工尺寸参考允许偏差　（单位：mm）

项　目	允许偏差	
	$500 < r \leqslant 800$	$r > 800$
内弧、外弧凹陷度	$\leqslant 2$	$\leqslant 2$
扭曲度	$\leqslant 3$	$\leqslant 3$
弯曲半径 r	$\leqslant 3$	$\leqslant 4$

（11）石材工程钢立柱、钢横梁加工尺寸参考允许偏差见表 4-12。

表 4-12　石材工程钢立柱、钢横梁加工尺寸参考允许偏差

（单位：mm）

项　目	允　许　偏　差
钢横梁长度	+0.5，-1
钢立柱长度	+1，-2

3. 石材普型板、圆弧板的加工
（1）石材普型板加工。
大理石、花岗岩、砂岩、人造石、石灰石普型板加工的尺寸允许偏差要求见表 4-13，板石加工的尺寸允许偏差要求见表 4-14。

表 4-13　大理石等普型板加工的尺寸允许偏差要求

项　目			允许偏差			
			粗面板材		镜面和细面板材	
			A 类	B 类	A 类	B 类
平面度 /mm	其他石材	边长 L	$L \leqslant 400mm$	0.6	0.8	0.2	0.3
			$400mm < L \leqslant 800mm$	1.2	1.5	0.5	0.6
			$L > 800mm$	1.5	1.8	0.7	0.8
	砂岩		$L \leqslant 400mm$	—	—	0.6	0.8
			$400mm < L \leqslant 800mm$	—	—	1.2	1.5
			$L > 800mm$	—	—	1.5	1.8
角度 /mm			$L \leqslant 400mm$	0.3	0.5	0.3	0.5
			$L > 400mm$	0.4	0.6	0.4	0.6
厚度 H/mm			$H \leqslant 12mm$	—	—	±0.5	±0.8
			$H > 12mm$	+1，-2	±2	±1	±1.5
拼缝板材正面与侧面夹角 /(°)				$\leqslant 90$			
长度、宽度 /mm				0，-1		0，-1	

说明：表中的其他石材是指大理石、花岗岩、石灰石、人

造石。粗面板材多出现于花岗石。

表 4-14　　　　　板石加工的尺寸允许偏差　　　（单位：mm）

项目		允许偏差	
		B类	A类
平整度	$L \leqslant 300$	3.0	1.5
	$L > 300$	4.0	2.0
角度	$L \leqslant 300$	2.0	1.0
	$L > 300$	3.0	1.5
边长 L	$L \leqslant 300$	±1.5	±1.0
	$L > 300$	±3.0	±2.0
厚度（定厚板）		±3.0	±2.0

（2）圆弧板的加工。

圆弧板加工的分块要求、高度见表 4-15。加工尺寸允许偏差要求见表 4-16。

表 4-15　　　圆弧板加工的分块要求、高度

直径 ϕ/mm	拼接块数/块	高度/mm
$\phi \leqslant 600$	2～4	$\leqslant 1000$
$600 < \phi \leqslant 1500$	3～8	$\leqslant 1000$
$1500 < \phi \leqslant 2500$	6～10	$\leqslant 1000$

表 4-16　　　　圆弧板加工尺寸允许偏差

项目		允许偏差			
		粗面板材		镜面和细面板材	
		A类	B类	A类	B类
直线度/mm	$\leqslant 800$	1	1.2	0.6	0.8
	> 800	1.5	1.5	0.8	1
线轮廓度/mm		1	1.5	0.8	1
圆弧板端面角度/mm		0.4	0.6	0.4	0.6

续表

项　目	允许偏差 粗面板材 A类	允许偏差 粗面板材 B类	允许偏差 镜面和细面板材 A类	允许偏差 镜面和细面板材 B类
弦长/mm	0，-1.5	0，-2	0，-1	0，-1
高度/mm	0，-1	0，-1	0，-1	0，-1
圆弧板侧面角/(°)	≥90	≥90	≥90	≥90

（3）花岗石板材的外观质量。

花岗石板材外观质量要求见表 4-17。干挂板不得有裂纹等异常现象。

表 4-17　　　花岗石板材外观质量要求

名称	内　容	技术要求 A类	技术要求 B类
裂纹/条	长度不超过两端顺延至板边总长度的 1/10（长度<20mm 不计），每块板允许条数	0	1
缺棱/个	长度≤10mm、宽度≤1.2mm（长度<5mm，宽度<1.0mm 不计），周边每米长允许个数	0	1
色线/条	长度不超过两端顺延至板边总长度的 1/10（长度<40mm 不计），每块板允许条数	0	2
缺角/个	沿板材边长，长度≤3mm、宽度≤3mm（长度≤2mm，宽度≤2mm 不计），每块板允许个数	0	1
色斑/个	面积≤15mm×30mm（面积<10mm×10mm 不计），每块板允许个数	0	2

（4）大理石、石灰石、砂岩板材外观质量。

大理石、石灰石、砂岩板材外观质量要求见表 4-18。

表4-18　　大理石、石灰石、砂岩板材外观质量要求

缺陷名称	内　　容	技术要求 A类	技术要求 B类
缺角/个	沿板材边长顺延方向，长度≤3mm，宽度≤3mm（长度≤2mm，宽度≤2mm不计），每块板允许个数	不允许	1
色斑/个	面积≤6cm^2（面积≤2cm^{2}不计），每块板允许个数	不允许	1
砂眼	直径＜2mm	不允许	不明显
裂纹/条	长度≥10mm的不允许条数	0	0
缺棱/个	长度≤8mm，宽度≤1.5mm（长度≤4mm，宽度≤1mm不计）每米允许个数	不允许	1

（5）板石饰面板的外观质量。

板石饰面板的外观质量要求见表4-19。

表4-19　　板石饰面板的外观质量要求

缺陷名称	内　　容	技术要求 A类	技术要求 B类
裂纹	贯穿其厚度的裂纹	不允许	不允许
人工凿痕	劈分板石时产生的明显加工痕迹	不允许	不允许
台阶高度/mm	装饰面上阶梯部分的最大高度	≤3	≤5
缺角/个	沿板材边长，长度≤5mm，宽度≤5mm（长度≤2mm，宽度≤2mm不计），每块板允许个数	1	2
色斑/个	面积不超过15mm×15mm（面积＜5mm×5mm的不计），每块允许个数	不允许	2

（6）人造石板材的外观质量。

人造石普型板外观质量要求见表4-20。人造石板的背面需要无明显裂纹、无明显沟槽等影响力学性能的缺陷。人造石弧形板、实心柱、花线的外观质量要求见表4-21。

表 4-20　人造石普型板的外观质量要求

外观和缺陷			要　求
外观			整洁、色泽均匀、边沿整齐
角部缺损			在板面上的投影尺寸≤2
杂质/mm			≤0.5
划痕、气孔、色差、局部修补痕迹			不明显
裂纹			不允许：装饰性裂纹及天然石材骨料的裂纹除外
杂质或杂料聚集			不允许
杂料 d/mm	单色板	$d≤1$	允许
		$1<d≤3$	≤1 个/m²
		$d>3$	不允许
	多色板		≤5
棱边缺损 /mm	平行于棱边		板面上的投影尺寸≤5
	垂直于棱边		板面上的投影尺寸≤2

表 4-21　人造石弧形板、实心柱、花线的外观质量要求

外观和缺陷			要　求
缺角/mm			沿产品边长的长度≤3
外观			整洁、色泽均匀、边沿整齐
缺棱/mm			长度≤5，宽度≤1.5
孔洞/mm			≤2
杂质/mm 杂质或杂料聚集			≤0.5 不允许
划痕、气孔、色差、局部修补痕迹			不明显
裂纹			不允许：装饰性裂纹及天然石材骨料的裂纹除外
杂料 d/mm	单色板	$d≤1$	允许
		$1<d≤3$	≤1 个/m²
		$d>3$	不允许
	多色板		≤5

4. 异型、拼花石材的加工

(1) 石材花线外观质量。

花线外观质量要求如下:

1) 花线截面形状需要符合有关要求,拼接应顺滑,并且没有凹凸现象。

2) 同一装饰部位、同套拼接花线的颜色、花纹需要基本一致、过渡自然。

3) 花线黏结修补后不得影响花线外观、物理性能。

4) 纹路要顺长度方向。

5) 抛光面要平整光亮。

直位花线加工的尺寸允许偏差要求见表4-22。大理石、石灰石、砂岩花线的外观质量要求见表4-23。

表4-22　直位花线加工的尺寸允许偏差要求

项目		允许偏差			
		粗面花线		细面和镜面花线	
		A类	B类	A类	B类
吻合度/mm		1	1.5	0.5	1
直线度/(mm/m)		1.5	2	1	1
线轮廓度/mm		1.5	2	1	1.5
尺寸/mm	长度	0,-3		0,-1.5	
	宽度(高度)	+1,-3		+1,-2	
	厚度	+2,-3		+1,-2	

表4-23　大理石、石灰石、砂岩花线的外观质量要求

缺陷名称	要求
凹陷	不明显
正面棱缺陷/mm	长≤5,宽≤1
正面角缺陷/mm	≤2
裂纹	不明显
砂眼	不明显

花岗石花线的外观质量要求见表 4-24。

表 4-24　　花岗石花线的外观质量要求

名称	规　　定	要求
裂纹/（条/m）	长度不超过单件总长度的 1/10（长度＜5mm 的不计）	≤2
色斑/（个/m）	面积≤5mm×5mm（小于 2mm×2mm 不计）	≤2
色线/（个/m）	长度不超过单件总长度的 1/10（长度＜5mm 的不计）	≤2
缺棱/（个/m）	长度≤5mm（＜2mm 的不计）	≤2
缺角/（个/m）	面积≤3mm×2mm（＜1mm×1mm 的不计）	≤2

（2）石材实心柱体外观质量。

实心柱体外观质量要求如下：整条柱体色调需要基本一致、过渡自然；根据安装位置、相邻同材料的柱体纹路、颜色需要基本协调等。普形等直径实心柱体加工尺寸允许偏差要求见表 4-25。

表 4-25　　普形等直径实心柱体加工尺寸允许偏差要求

项　目		允　许　偏　差	
		A 类	B 类
加工面素线直线度/（mm/m）		0.5	1
上下两端面外缘平面度/mm		0.5	1
上下两端面与圆柱面的垂直度/mm		0.5	1
直线 ϕ/mm	ϕ≤100	±1	±1.5
	100＜ϕ≤300	±2	±3
	300＜ϕ≤1000	±3	±4
	ϕ＞1000	±4	±5
高度 H/mm	H≤1500	±2	±3
	1500＜H≤3000	±3	±4
	3000＜H≤6000	±4	±5

（3）石材拼花板的加工质量。

1) 允许偏差要求。

拼花板的单件加工尺寸允许偏差要求见表 4-26。拼花板内的接缝宽度允许偏差要求见表 4-27。整体拼花加工尺寸允许偏差要求见表 4-28。

表 4-26　拼花板的单件加工尺寸允许偏差要求　（单位：mm）

项　　目		水刀拼花	手工拼花
平面拼花板材厚度	$H \leqslant 12$	+1，-1	+1，-1
	$H > 12$	+1.5，-1.5	+1.5，-1.5
长度、宽度		0，-0.5	0，-1
曲线吻合度		0，-1	0，-1

表 4-27　拼花板内的接缝宽度允许偏差要求　（单位：mm）

项　　目	允许偏差	
	水刀拼花	手工拼花
弧线拼接缝宽度	≤0.5	≤0.3
直线拼接缝宽度	≤0.3	≤0.3

表 4-28　整体拼花加工尺寸允许偏差要求

项目	允许偏差/mm						
	手工拼花			水刀拼花			混合拼花
	$L \leqslant 400$	$400 < L \leqslant 1500$	$L > 1500$	$L \leqslant 800$	$800 < L \leqslant 1500$	$L > 1500$	$L > 5000$
长度	0，-1.0	0，-1.0	0，-2.0	0，-1.0	0，-1.0	0，-2.0	+5.0，-5.0
宽度	0，-1.0	0，-1.0	0，-2.0	0，-1.0	0，-1.0	0，-2.0	+5.0，-5.0
曲线吻合度	0，-1.0	0，-2.0	0，-3.0	0，-1.0	0，-2.0	0，-3.0	+5.0，-5.0
长度	0，-1.0	0，-1.0	0，-2.0	0，-1.0	0，-1.0	0，-2.0	+5.0，-5.0
宽度	0，-1.0	0，-1.0	0，-2.0	0，-1.0	0，-1.0	0，-2.0	+5.0，-5.0

注　表中 L 指拼花尺寸范围，单位为毫米。

拼花板间的拼花图案接口错位允许偏差要求见表 4-29。

表4-29 拼花板间的拼花图案接口错位允许偏差要求

（单位：mm）

项 目	允许偏差
手工小拼花、水刀拼花、直径不大于4000mm的圆形拼花	≤0.5
手工大拼花、直径大于4000mm的圆形拼花	≤1

2）质量要求。

拼花板正面外观质量要求见表4-30。

表4-30 拼花板正面外观质量要求

缺陷	要 求		
	大理石、石灰石、砂岩	花岗石	人造石
砂眼	砂岩：不明显 大理石、花岗岩、石灰石：不允许		不明显
修补	修补痕迹不明显		修补痕迹不明显
缺边角	≤1.5mm×1.5mm		背面：≤1/2厚度 正面：不明显
裂纹	长度≥10mm 的不允许	长度≥10mm 的不允许	骨料自身裂纹：长度≤1mm 大骨料产品：长度≤5mm 细骨料产品：不允许
色线	不明显	长度不超过两端顺延到板边总长度1/10的允许2处（长度<40mm的不计）	不应影响整体装饰效果
色斑	面积≤6cm² 的允许1处（面积≤2cm² 不计）	面积≤15mm×30mm的允许2处（面积≤10mm×10mm不计）	不应影响整体装饰效果

5. 石材铝蜂窝复合板加工

(1) 尺寸允许偏差。

石材铝蜂窝复合板加工尺寸允许偏差要求见表4-31。

表4-31　石材铝蜂窝复合板加工尺寸允许偏差要求

项目		允许偏差	
		粗面板	镜面、亚光面板
边直度/(mm/m)		≤1	≤1
对角线/mm	≤1000	≤2	≤2
	>1000	≤3	≤3
面平整度/(mm/m)		≤2	≤1
边长/mm		0,-1	0,-1
厚度/mm		+2,-1	+1,-1

知识小提示：

预埋连接用异型螺母不应凸出石材铝蜂窝板背面，与石材铝蜂窝板背面的高度差不得大于0.5mm。

(2) 表面质量要求。

石材铝蜂窝复合板的表面质量要求见表4-32。

表4-32　石材铝蜂窝复合板的表面质量要求

项目	内容	要求
裂纹	长度不超过10mm的不允许条数	不允许
色斑	最大尺寸≤20mm×30mm，每块板允许块数（面积<10mm×10mm不计）	1
砂眼	直径在2mm以下	不明显
划伤、擦伤	—	不允许
缺棱	最大宽度≤1.2mm，最大长度≤8mm，周边每米允许处数（长度<5mm，宽度<1mm不计）	1
缺角	最大宽度≤2.5mm，最大长度≤4mm，每块板允许处数（长度、宽度<2mm不计）	0

续表

项目	内容	要求
色线	长度不超过两端顺延到板边总长的 1/10，每块板允许条数	1

知识小提示：

石材铝蜂窝板的外观需要整洁、平直、无流胶、无脱胶、无毛刺、无脱落、无空鼓。石材表面色调、花纹要基本一致。

6. 石材马赛克加工

（1）允许偏差。

石材马赛克联的联长、线路、石粒厚度允许偏差要求见表 4-33。

表 4-33 石材马赛克联的联长、线路、石粒厚度允许偏差要求

（单位：mm）

项 目		允 许 偏 差	
		A 数	B 数
线路	<2.0	±0.3	±0.5
	≥2.0	±0.5	±0.8
石粒厚度/mm		±0.3	±0.5
联长	<300	±1	±2
	≥300	±2	±3

石材马赛克图案拼花接口错位允许偏差要求见表 4-34。

表 4-34 石材马赛克图案拼花接口错位允许偏差要求 （单位：mm）

规 格	允许偏差
$L \leqslant 600$；$B \leqslant 200$	≤0.5
$600 < L \leqslant 2000$；$B > 200$	≤1.0
$2000 < L \leqslant 6000$	≤1.5

注 表中 L 表示为长度，B 表示为宽度。

（2）外观质量要求。

石材马赛克外观质量要求如下：

（1）石材马赛克的线路要流畅，宽度要均匀一致。

（2）石材马赛克的直线线路平直度不得大于1mm/m。

（3）同一色调石材马赛克的颜色要基本一致。

（4）图案、色调需要符合有关要求。

（5）外观要协调、无明显缺陷、过渡自然。

（6）石材马赛克的石粒黏结要牢固无脱落、无明显崩边、无裂纹、无色斑、无崩角、无坑窝、无划痕等要求。

4.2.2 金属与石材幕墙工程

1. 一般规定

（1）幕墙制作前，要经设计等有关单位同意后，才能够加工组装。

（2）加工幕墙构件所采用的设备、机具，应能够保证幕墙构件加工精度，并且量具要进行有关计量检定的规定。

（3）幕墙制作前，应对建筑物有关施工图进行核对，对已建建筑物进行复测，然后根据实测结果调整幕墙图纸中的偏差。

（4）石材幕墙使用硅酮结构密封胶、硅酮耐候密封胶时，要等石材清洗干净，并且完全干燥后，才能够施工。

（5）用硅酮结构密封胶黏结固定构件时，注胶要在相对湿度50%以上、温度15℃以上30℃以下，以及洁净、通风的室内进行。

（6）用硅酮结构密封胶黏结石材时，结构胶不得长期处于受力状态。

（7）用硅酮结构密封胶黏结固定构件时，注胶胶的宽度、厚度要符合有关要求。

2. 金属构件的加工制作

（1）沉头螺钉的沉孔尺寸偏差要符合《紧固件 沉头螺钉用沉孔》（GB 152.2—2014）等有关标准要求。

(2) 孔距的允许偏差一般为±0.5mm、孔位的允许偏差一般为±0.5mm。

(3) 螺栓、圆柱头的沉孔尺寸要符合《紧固件 圆柱头用沉孔》(GB 152.3—1988)等有关标准要求。

(4) 铆钉的通孔尺寸偏差要符合《紧固件 铆钉用通孔》(GB 152.1—1988)等有关标准要求。

(5) 幕墙横梁长度的允许偏差一般为±0.5mm。

(6) 幕墙结构杆件截料端头不得出现变形,不得有毛刺。

(7) 幕墙结构杆件截料前要进行校直调整工作。

(8) 幕墙立柱长度的允许偏差一般为±1.0mm。

幕墙构件装配尺寸允许偏差要求见表 4-35。

表 4-35　　幕墙构件装配尺寸允许偏差要求

项 目	构件长度/mm	允许偏差/mm
槽口尺寸	≤2000	±2.0
	>2000	±2.5
构件对边尺寸差	≤2000	≤2.0
	>2000	≤3.0
构件对角尺寸差	≤2000	≤3.0
	>2000	≤3.5
槽口尺寸	≤2000	±2.0
	>2000	±2.5

3. 石板加工制作

石板的长度、厚度、宽度、异型角、直角、半圆弧形状、异型材、花纹图案造型、石板的外形尺寸等均需要符合设计等有关要求。石板的编号、外表面的色泽、花纹图案,也需要与设计一致。石板四周围不得存在有明显的色差。

石板连接部位需要无暗裂、无崩坏等缺陷。一般需要确定石板使用的基本形式后进行加工。石板加工尺寸允许偏差需要符合《天然花岗石建筑板材》(GB/T 18601—2009)等有关标准的要求。

石板经切割、开槽等工序后,均要把石屑用水冲干净。已加工好的石板要立即存放于通风良好的仓库内,并且其角度不得小于85°。

石板加工制作的其他一些特点、要求见表4-36。

表4-36　　　　　　石板加工制作要求

项目	要　求
单元石板幕墙的加工组装	(1) 幕墙单元内,边部石板与金属框架的连接,可以选择采用铝合金L形连接件。铝合金L形连接件最小厚度不要小于4mm。 (2) 幕墙单元内石板间,可以选择采用铝合金T形连接件连接。T形连接件的最小厚度不要小于4mm。 (3) 有防火要求的全石板幕墙单元,要把防火板、石板、防火材料根据设计等有关要求组装在铝合金框架上。 (4) 有可视部分的混合幕墙单元,要把玻璃板、石板、防火板、防火材料根据设计等有关要求组装在铝合金框架上
短槽式安装的石板加工	(1) 两短槽距离石板两端部的距离不要小于石板厚度的3倍,并且不应小于85mm,也不得大于180mm。 (2) 每块石板上下边要各开两个短平槽,短平槽长度不要小于100mm。有效长度内槽深度不要小于15mm。 (3) 石板开槽槽口一般要打磨成45°倒角。 (4) 石板开槽的槽内要洁净、光滑。 (5) 石板开槽后不得有损坏、崩裂等异常现象
钢销式安装的石板加工	(1) 边长不大于1m时,每边要设两个钢销。边长大于1m时,要采用复合连接。 (2) 钢销的孔位距离边端不得小于石板厚度的3倍,也不得大于180mm。 (3) 钢销的孔位要根据石板的大小而确定。 (4) 钢销间距不宜大于600mm。 (5) 石板的钢销孔处不得有损坏、崩裂等异常现象。 (6) 石板的钢销孔的孔直径宜为7mm或8mm。 (7) 石板的钢销孔的深度宜为22~33mm。 (8) 石板的钢销孔径内要洁净、光滑。 (9) 石板的钢销直径宜为5mm或6mm。 (10) 石板钢销长度宜为20~30mm

续表

项目	要　　求
通槽式安装的石板加工	(1) 不锈钢支撑板厚度不得小于 3mm。 (2) 铝合金支撑板厚度不得小于 4mm。 (3) 石板的通槽宽度一般为 6mm 或 7mm。 (4) 石板开槽的槽口一般要打磨成 45°倒角。 (5) 石板开槽的槽内要洁净、光滑。 (6) 石板开槽后，不得有崩裂、损坏等异常现象

知识小提示：

石板的转角一般要选择采用不锈钢支撑件或铝合金型材专用件组装。如果选择采用不锈钢支撑件组装时，不锈钢支撑件的厚度不得小于 3mm。如果采用铝合金型材专用件组装时，则铝合金型材壁厚不得小于 4.5mm，连接部位的壁厚不得小于 5mm。

第 5 章　石材施工

5.1　建筑装饰室内石材工程施工

5.1.1　一般规定

建筑装饰室内石材工程施工，需要符合现行有关规程、规范、标准的要求。建筑装饰室内石材工程所采用的材料、构配件也同样需要符合现行有关规程、规范、标准的要求。例如干粘法、石材干挂法安装所用的连接材料、钢骨架、安装连接方式均需要符合设计、规程等有关规定。

许多建筑装饰室内石材工程，往往需要编制施工组织设计或专项方案。

建筑装饰室内石材工程施工，一般是在结构、机电等隐蔽工程验收合格后才进行施工。石材干挂，需要对后置埋件、钢骨架等隐蔽结构验收合格后才可以安装石材。建筑装饰室内石材工程施工前，应确认是否为大面积施工。如果属于大面积施工，则施工前往往需要选择适当位置进行一定面积的局部施工，以便对材料、施工工艺、施工质量等确认。

石材安装施工采用有机胶黏剂粘贴时，环境温度不得低于10℃，小范围修补作业可在不低于5℃的环境下进行施工。石材安装施工采用水泥基拌和料作为结合层时，则环境温度不得低于5℃。

相关施工记录，需要作为工程资料进行留存。

5.1.2 施工准备

建筑装饰室内石材工程施工准备要求见表 5-1。

表 5-1　　　　建筑装饰室内石材工程施工准备要求

项目	要　　求
施工前的材料准备	(1) 对材料尺寸规格、外观质量等进行必要的检查。 (2) 材料不得在楼板中部集中码放，需要考虑安全性、承重性。 (3) 对环氧胶黏剂、其他按规定要进行现场复试的材料，进行必要的见证检验。 (4) 进场材料要具有合格证、检测报告。 (5) 进场的材料要避免雨淋日晒
施工前的技术准备	(1) 施工前，根据现场实际情况、各专业洽商、有关规程规范标准对有关图进行深化。 (2) 施工前，掌握、了解节点详图、综合布置图。 (3) 施工前，掌握、了解设备末端位置、排布情况。 (4) 配合相关的材料加工工作。 (5) 同一工程多方作业时，应使用同一套基准控制点、基准控制线作为测量基准。 (6) 掌握相关基准：纵横控制线、标高、坐标控制点
作业条件的要求	(1) 作业范围内的主体结构、机电隐蔽安装工程需要验收合格。 (2) 基准点、基准线需要已完成交接，以及经复核验点、验线合格。 (3) 施工机具、施工环境等需要满足安全文明施工等有关要求。 (4) 施工脚手架搭设完成，以及经验收合格

5.1.3 钢骨架施工

建筑装饰室内石材工程钢骨架的施工要求见表 5-2。

表 5-2　　　　建筑装饰室内石材工程钢骨架施工要求

项目	施　工　要　求
钢骨架的安装固定方式	钢骨架的安装固定方式可以根据有关设计、现行相关标准的要求来进行

续表

项目	施工要求
定位	（1）钢骨架一般根据深化图进行定位、施工。 （2）钢骨架完成面的位置需要保证石材面板完成面的位置符合有关要求
安装钢立柱	（1）钢骨架施工时，一般先安装钢立柱。 （2）安装钢立柱，需要根据设计、图纸要求进行调平、调直。 （3）在保证承载能力、变形控制等前提下，钢立柱间距要与石材面板的竖向分缝位置相协调，并且同一工程应一致。 （4）调平、调直后，钢骨架的两端与主体结构要可靠固定，并且柱端悬挑不得大于300mm。 （5）钢立柱往往是一边安装一边做平整度、垂直度的偏差检验与校正工作。 （6）钢立柱与主体结构间的连接，需要采用钢角码连接，并且连接点需要在钢立柱两侧交叉分布。 （7）同一墙面的钢立柱，一般先安装两端的钢立柱，通过检验且合格后再拉通线，然后根据顺序安装中间的钢立柱。 （8）安装钢立柱的允许偏差需要符合要求。 （9）钢骨架焊缝的地方，需要涂刷两道富锌防锈涂料或者相关防腐材料
轻质墙体上安装的钢立柱	轻质墙体上安装的钢立柱，钢立柱上端、下端两端需要与主体结构、附加在主体结构上的钢构件连接固定，并且钢立柱中间支撑点要与结构的系梁相连
钢横梁	（1）钢骨架的横梁要定位正确，固定牢固。 （2）钢横梁两端要与钢立柱连接牢固。 （3）钢横梁需要采用不小于40mm×40mm×4mm角钢。 （4）石材饰面采用T形挂件安装时，钢横梁上表面要与石材面板的水平缝标高一致，并且允许偏差不得大于1mm
弧形石材柱面的钢骨架施工	（1）钢立柱的位置与弧形板分缝位置协调一致。 （2）弧形钢横梁采用冷弯辊压成型法加工，不得采取折弯、切口、焊接等不当方法加工。 （3）钢立柱安装、调整、固定后，可以再逐层安装弧形钢横梁

知识小提示：

钢立柱打孔、钢横梁、裁切等加工往往在工厂里完成。钢骨架安装完后，要在隐蔽工程检验且合格后才能够进行防腐处理。特殊部位、特殊形状的石材安装所用的钢骨架，需要根据节点详图等资料、要求进行施工。

5.1.4 墙面、柱面石材施工

墙面、柱面石材的安装施工方法包括干挂法、干贴法、湿贴法。其中，墙面、柱面石材的干挂法又可以分为短槽式干挂法、背槽式干挂法、背栓式干挂法。

墙面、柱面石材的安装施工，一般是根据先门窗洞口小板后墙面大板，由下而上的顺序进行施工。

墙面、柱面石材的安装施工的脚手架搭设完成后，需要验收并且要合格才能够使用。脚手架搭设如图5-1所示。

图5-1 脚手架搭设

石材墙、柱面上有设备末端、洞口时（石材墙柱上的洞口如图5-2所示），根据设计、图纸等有关要求核对定位、开洞情况。

石材墙面、柱面上的洞口周边切割整齐，尺寸与设备面板要吻合。设备面板安装后，与石材四周的缝隙不得超过允许偏差值。

图 5-2　石材墙柱上洞口

石材墙面、柱面的开洞切割面，需要采取必要的防护后再进行设备面板的安装。墙面、柱面石材面板安装完后，应及时要把面板清理干净。

石材墙面、柱面上有壁灯时，需要根据固定方式、灯具尺寸来安装。

知识小提示：

（1）装修伸缩缝：石材安装过程中，为消纳石材等因温度、湿度、其他因素变化产生的变形需求，以及消纳石材铺装中尺寸误差累积所设置的一种区域分隔缝。

（2）石材吻合度：石材加工的异形表面轮廓与标准模板间的尺寸偏差。

（3）石材防水背胶：涂在石材背面，固化后具有底面防护、增强与水泥砂浆黏结力的一种材料。

墙面、柱面石材施工的一些要点见表 5-3。

表 5-3　　　　墙面、柱面石材施工的一些要点

项目	要　点
安装槽、安装孔、槽口	(1) 背槽式干挂槽口长度一般为挂件宽度的 1.5～2 倍。 (2) 背槽式干挂槽口宽度一般为挂件厚度加 2mm。 (3) 背槽式干挂槽口深度一般不得小于 10mm 且不得大于石材面板厚度的 2/3。 (4) 背槽式干挂槽口一般是垂直于石材面板背面。 (5) 背栓式干挂孔的孔径、扩孔部分尺寸，要与背栓尺寸相匹配。 (6) 背栓式干挂孔的孔深不得小于 7mm 且不得大于石材面板厚度的 2/3。 (7) 背栓式干挂孔一般是垂直于石材面板背面。 (8) 短槽式干挂的槽口填满环氧胶黏剂，并且要黏结良好。 (9) 短槽式石材干挂槽口两边剩余石材的净厚度不得小于 7mm。 (10) 短槽式石材干挂槽口一般是平行于石材面板。 (11) 短槽式石材干挂的挂件距板端不得小于 100mm 且不得大于 150mm。 (12) 短槽式石材干挂的挂件中心间距不得大于 700mm。 (13) 石材上的挂件安装槽、安装孔，一般是在工厂采用专用工具加工完成的。 (14) 石材上的挂件安装槽、安装孔的槽口、槽孔的位置、尺寸要准确。 (15) 石材上的挂件安装槽、安装孔的槽口、槽孔与挂件、背栓尺寸相匹配
干粘法施工的规定	(1) 每个黏结点的面积不小于 40mm×40mm。 (2) 地下室、隧道等潮湿、不通风的场所不宜采用干粘法施工。 (3) 钢骨架黏结点中心一般钻 ϕ6mm 孔。 (4) 每次调配的胶量应适量。 (5) 施工完后 24h 内不得有位移、施加外力。 (6) 黏结石材面板前，要把黏结面的污物、防锈漆层打磨干净，保持黏结面的清洁。 (7) 干粘法施工的操作要点：首先把调配搅拌好的环氧胶黏剂抹在钢骨架黏结点与石材面板背后的黏结点上，再把石材面板就位揉压，然后调整好石材板面，再把石材面板临时稳妥固定
湿贴法施工的规定	(1) 根据设计、图纸、要求，饰面板规格尺寸，弹有关线。 (2) 检查石材的防护层，需要修补的应修补、养护好。

续表

项目	要　点
湿贴法施工的规定	（3）湿贴法的基层表面要坚固、洁净。 （4）湿贴法光滑的基层表面要毛化处理。 （5）湿贴前，涂的防水背胶厚度不小于 0.8mm。 （6）湿贴前，需要彻底清除石材背面黏结不良的背网。 （7）易碎石材，涂防水背胶时可以加入增强用的玻纤网格布。 （8）湿贴前，首先清除基层上的浮灰、油污，并且洒水湿润基层，但是不得留明水，然后在石材背面均匀抹 2～6mm 一层厚的水泥基胶黏剂，然后粘贴到基层上，以及使用橡皮锤一边敲一边采用靠尺板找直找平。湿贴后，把板面污迹清理干净。粘贴完 28d 后，根据要求进行填缝
联状石材马赛克的安装	（1）安装后的石材马赛克缝深、缝宽要均匀一致。 （2）大块石材马赛克间的安装缝要与马赛克小块间的缝隙一致。 （3）如果石材马赛克厚度与周围面层材料的厚度差大于 4mm 时，则基层往往要进行抹灰找平处理。 （4）石材马赛克粘贴前，需要处理好基层。 （5）需要选择与石材马赛克背网胶相容的胶黏剂。 （6）安装完成大约 28d 粘贴材料固化干燥后，可以根据有关要求填缝

知识小提示：

高度大于 8m 的墙面、柱面、弧形墙、弧形柱面，一般不宜采用干粘法。高度大于 6m 的墙柱面，一般不宜采用湿贴法。湿贴法的石材单块面积不大于 $0.2m^2$，厚度一般为 12～20mm。板状马赛克的安装，可以参考石材面板的施工方法。

5.1.5　石材地面施工

1．天然石材地面铺装

天然石材铺装前，一般需要进行尺寸稳定性检测，以便选择石材铺装的胶黏剂。天然石材尺寸稳定性与铺装用的胶黏剂的选择参考见表 5-4。

表 5-4　　天然石材尺寸稳定性与铺装用胶黏剂的选用

分级	尺寸稳定性能 D/mm	应 用 特 性
A	$D<0.3$	石材对水不敏感，遇水基本不会翘曲变形，可不必考虑其遇水变形问题，各种胶黏剂均可使用
B	$0.3 \leqslant D < 0.6$	石材对水比较敏感，遇水易翘曲变形，用普通水泥基胶黏剂粘贴时易变形，宜采用不含水的反应型树脂胶黏剂，至少也应采用快凝快干型胶黏剂。 若采用快凝快干型胶黏剂，还应再次进行试验：将石材用胶黏剂粘贴在不吸水的瓷质砖基板上测量 D 值，当 $D<0.3$mm，则表明该胶黏剂可以使用，否则不能使用
C	$D \geqslant 0.6$	石材对水非常敏感，遇水严重翘曲变形，不应采用水性胶黏剂，应采用不含水的反应型树脂胶黏剂

天然石材现场开孔、切割后，要重新做防护相关处理。天然石材板块的分格、造型、纹路、排列要符合设计、图纸等有关要求。采用反应型树脂胶粘材料铺装时，其基层要干燥清洁。采用水泥基胶粘材料铺装时，其基层要先清扫干净，然后洒水湿润，再在没有明水的基层上刷一道界面剂，也可以涂抹一层水灰比大约 0.4~0.5 的素水泥浆。

室内的天然石材地面的施工，多数空间结合层可以采用干硬性水泥砂浆铺装施工。该干硬性水泥砂浆是采用 42.5 普通硅酸盐水泥与砂子以 1:2~1:3 的体积比制作而成。卫生间、厨房等需要做防水层的空间往往要采用防水层施工，以及湿施工。

天然石材的施工，需要考虑装修伸缩缝的设置，也需要考虑整板与非整板的排列位置。门口处等显眼的地面，一般采用整板天然石材。非整板的天然石材，可以安排到不显眼的地面。

天然石材的填缝、整体研磨、晶硬等处理工作，一般是石材铺装完成 28d 后才进行。

石材施工完成后的养护，可以采用开敞式养护，也可以采用透气性材料覆盖来养护。养护期间,石材上不得允许人通行。

施工完成后的地面石材表面防滑等级,要能够满足有关要求。

2. 人造石材地面铺装

人造石材地面施工前,一般需要根据人造石的尺寸稳定性选择合适的铺贴胶黏剂。人造石材地面施工,一般选择反应型树脂胶黏剂、早强专用胶黏剂,而不选择普通水泥砂浆。

无论是人造石材,还是天然石材,施工前均应检查石材,如图5-3所示。

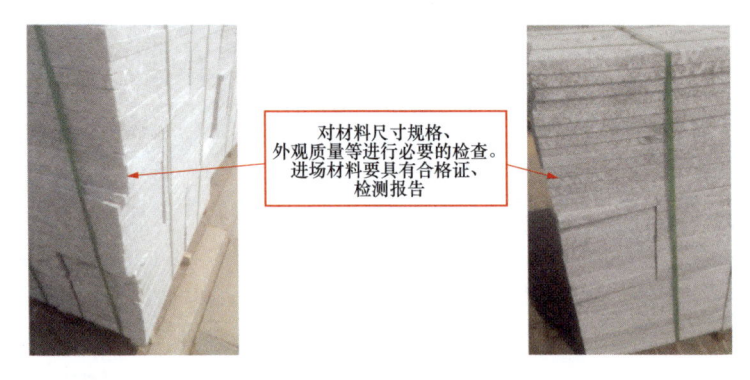

对材料尺寸规格、外观质量等进行必要的检查。进场材料要具有合格证、检测报告

图5-3 检查石材

人造石材地面的基层,需要平整干燥、洁净合格。人造石材地面铺装时,可以采用齿型刮板将胶黏材料反复地、均匀地刮抹在石材板材的背面上、基层上,然后把人造石板材铺装到位。如果存在交叉作业时,则需要采取必要的保护措施。

施工铺装完成28d后,或者胶黏剂固化干燥后,可以采用柔性嵌缝材料进行嵌缝。

人造石材地面铺装后,要及时把板块间的缝隙清理干净。铺装好的人造石材地面,可以采用透气材料覆盖养护。

施工完成后的地面石材表面防滑等级,要能够满足有关要求。

3. 拼花石材地面铺装

拼花石材地面的施工重点之一是确保施工后要出"花"的效果。因此，拼花石材地面的施工除了石材地面施工的通用要点外，还必须考虑拼花的实现与实现的最佳效果。

拼花石材，尽量预先在工厂根据设计图加工、拼装，尽量在工厂完成"花"的粘贴到背板，或者粘贴到背网上形成完整性的大石材块。

拼花石材地面铺装，首先需要根据现场实际情况、相关尺寸、相关设计图纸进行必要的预排版、预拼花，以便对板块的色调、规格进行检验与确认，以及提出改进措施与施工注意事项。

根据相关设计、图纸进行拼花组拼，以及检验，合格后把各块石材进行定位编号。

拼花石材地面铺装前，也需要拉通线，设拼花位置中心线、分块安装定位控制线等基准线。

铺装完成后的地面石材表面防滑等级，要能够满足有关要求。

5.1.6　石材铝蜂窝复合板吊顶施工

石材铝蜂窝复合板吊顶的施工涉及基准线的定位、龙骨的定位安装、复合板的吊挂等工作。

石材铝蜂窝复合板吊顶高度定位，可以以室内标高基准线为基准，并且四周墙上均应标出基准线。另外，吊杆固定点基准、龙骨中心线、设备定位点基准等也根据实际需要标出。

龙骨的定位安装，主要掌握定位的尺寸位置，安装的要求与连接方法等技能。

石材铝蜂窝复合板吊顶连接、安装的要求如下：

（1）有的连接件需要采用专用件，例如龙骨与龙骨间的连接、吊杆与龙骨的连接、吊杆与主体结构的连接等。

（2）安装的龙骨间距要符合固定等要求。

（3）安装龙骨接头要平顺牢固。

（4）吊顶面积大于 50m² 时，中间根据房间短向跨度的 0.3‰~0.5‰ 起拱。

（5）吊顶面积小于 50m² 时，主龙骨中间根据房间短向跨度的 0.1‰~0.3‰ 起拱。

（6）吊顶石材铝蜂窝复合板安装要通线，根据顺序进行安装。另外，注意一边安装一边调整好缝隙。

（7）吊杆的焊接，一般是跟结构中的预埋件焊接，或者后置紧固件连接。

（8）吊杆需要接长时，可以采用搭接焊。但是，需要注意焊缝要饱满，双面焊时搭接长度大约为 $5d$，单面焊时搭接长度大约为 $10d$，其中 d 为吊杆直径。

（9）吊杆要通直，并且满足承载力的要求。

（10）吊杆与吊件的连接需要可靠牢固。

（11）吊杆与室内顶部结构的连接需要可靠牢固。

（12）吊装形式、吊杆类型根据设计、图纸等要求来确定。

（13）挂件与挂件座间的连接，需要考虑锁紧、限位等装置，以防板块窜动。

（14）连接件的连接，需要可靠牢固，达到要求。

（15）龙骨配套的配件、吊挂件的选择，可以根据主龙骨的规格、型号来考虑。

（16）全牙吊杆需要接长时，可以采用专用连接件、焊接等方法连接。

（17）石材铝蜂窝复合板安装中出现接触金属，则在接触部位要加上绝缘垫片隔离。

（18）石材铝蜂窝复合板的吊挂点间距不得大于 1200mm。

（19）石材铝蜂窝复合板的挂件座、挂件注意要选择配套的。

（20）石材铝蜂窝复合板的每块板不少于 4 个挂件。

(21) 石材铝蜂窝复合板上的挂件座与挂件的接触面，一般要求加橡胶垫。橡胶垫的受力面要严密吻合。

(22) 石材铝蜂窝复合板一般要采用预埋件与挂件锁紧连接，准确定位。

(23) 相邻两个吊件的安装方向一般是相反的。

(24) 相邻两根龙骨接头不得位于同一吊杆档距内。

(25) 遇有灯具、设备、管道时，则可以通过调整龙骨位置、增加吊点等方法处理。

(26) 主龙骨端头吊点距龙骨端、端排吊点与墙距离均不得大于 300mm。

5.1.7　石材护理的施工

施工现场的石材护理施工，往往包括晶硬施工、防滑施工、整体研磨施工等。

1. 晶硬施工的规定

(1) 施工环境温度不低于 5℃，通风要良好。

(2) 大面积的石材，则需要先试验样板。

(3) 晶硬抛光应达到需要的效果。

(4) 晶硬施工后光泽度提高值不小于 10。

(5) 施工前，石材应板面平整、洁净、板缝充实。

(6) 施工前，石材应无划痕、无磨痕等损伤。石材光泽度不小于 70。

(7) 所用施工材料不污染石材。

2. 防滑槽的安装、防滑条的安装

(1) 石材表面防滑槽、安装防滑条的镶嵌槽加工往往是在工厂完成的。

(2) 防滑槽或镶嵌槽的深度、宽度、数量密度需要符合有关要求。

(3) 防滑条的材质有不锈钢防滑条、铜质防滑条等种类。

(4) 防滑条嵌入槽中后，需要压实。压实时，有少量的胶黏剂会从槽中挤出，则应及时擦除。

（5）防滑条嵌入后，一般要高出石材表面0.5～1mm。

（6）胶黏剂固化前，要保持防滑条的固定。

（7）嵌入镶嵌槽、防滑条时，要把槽清洁干燥。

（8）石材表面防滑槽、安装防滑条的镶嵌，一般是在石材的其他表面加工完、防滑槽加工完成后进行。

3. 整体研磨

（1）石材的整体研磨，一般根据粗磨、细磨、精磨、抛光等工序逐步进行。

（2）大面积的石材，需要先试验样板，并且对研磨施工工艺、研磨效果进行确认。

（3）耐磨度相差大于5的不同石材，研磨时需要分别研磨。

（4）嵌缝的嵌缝剂，要根据石材的花色调配嵌缝剂。

（5）嵌缝剂固化后，可以通过研磨消除石材的接缝剪口、划痕。

（6）嵌入缝内的嵌缝剂厚度要略高于石材表面，以及不小于4mm。

（7）石材的研磨施工环境：温度不得低于5℃、无粉尘、无杂物、通风良好等。

（8）石材的整体研磨前，需要完成石材地面的空鼓、修补等病症治理，以及石材的平整度达到有关要求。

（9）石材的整体研磨一般是在石材铺装28d后，或者养护期结束、胶黏剂完全固化后进行整体研磨。

（10）石材研磨前，要对周边部位进行必要的保护。

（11）石材研磨前，要清除石材缝隙中污物。清除深度不小于5mm。

（12）研磨施工后，要保护研磨完的地面。

（13）研磨中产生的泥浆、水等及时清除。

（14）整体研磨后，装饰面的光泽度、平整度、清晰度等应达到需要的效果。

5.2 路面砖（石）施工

5.2.1 路面砖（石）铺装施工结构图示

路面砖（石）铺装施工结构图例如图 5-4 所示。施工与安装前，应检查路面砖（石）的尺寸偏差是否符合要求，路面砖（石）的尺寸偏差技术要求见表 5-5。

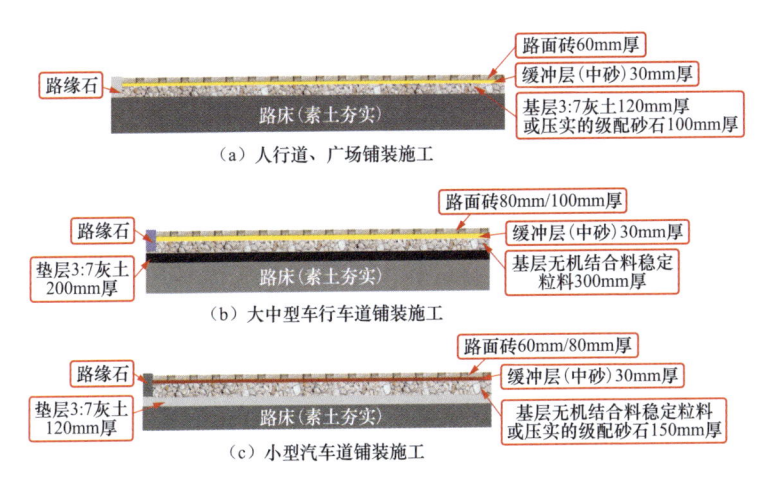

图 5-4 路面砖（石）铺装施工结构图例

表 5-5 路面砖（石）的尺寸偏差技术要求 （单位：mm）

项 目		技 术 要 求	
		A	B
表面平面度公差	细面或精细面	2	3
	粗面	3	5
路面垂直度公差	厚度≤60	2	5
	厚度>60	5	10

续表

项 目		技 术 要 求	
		A	B
长度、宽度（或边长）偏差	两个细面或精细面间	±3	±5
	细面或精细面与粗面间	±5	±8
	两个粗面间	±8	±10
厚度偏差	两个细面或精细面间	±5	±10
	细面或精细面与粗面间	±8	±15
	两个粗面间	±10	±20

5.2.2 路面砖的缝隙特点

一些路面砖缝隙的特点如图 5-5 所示。

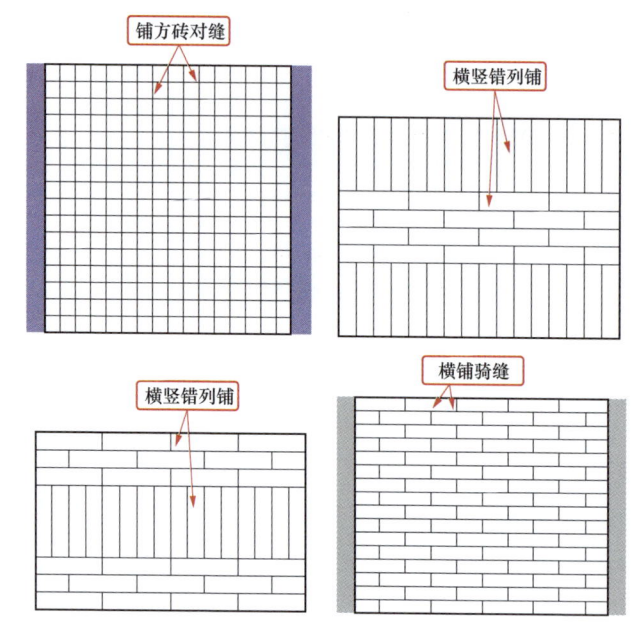

图 5-5 一些路面砖缝隙的特点（一）

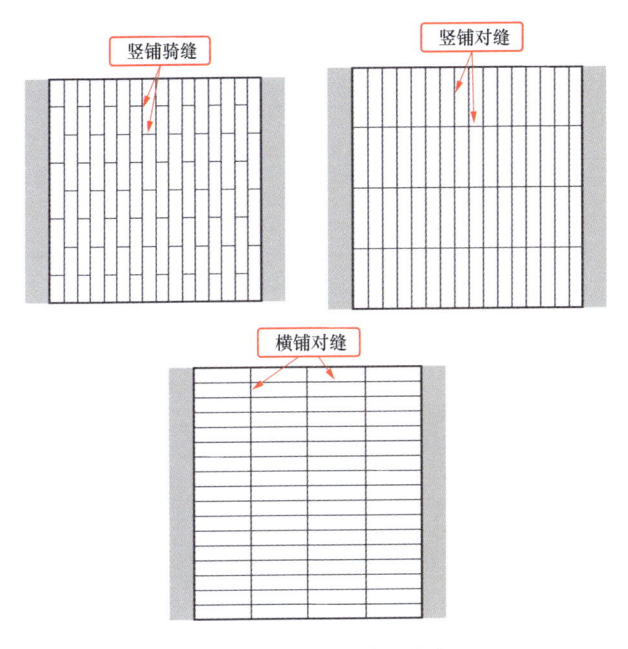

图 5-5　一些路面砖缝隙的特点（二）

5.3　人行道（步道）的铺装

5.3.1　一般规定

（1）人行道（步道）铺装时，路基、基层等均要符合设计等有关要求。人行道（步道）的铺装常见的组合见表 5-6。透水人行道（步道）的基本结构如图 5-6 所示。

表 5-6　人行道（步道）的铺装常见的组合

面　　层	石材广场砖	水泥混凝土预制块		
整平层	√	√	√	√

续表

面 层		石材广场砖	水泥混凝土预制块
基层	刚性基层	√	√
	半刚性基层		√
	柔性基层		√
垫层		√	√

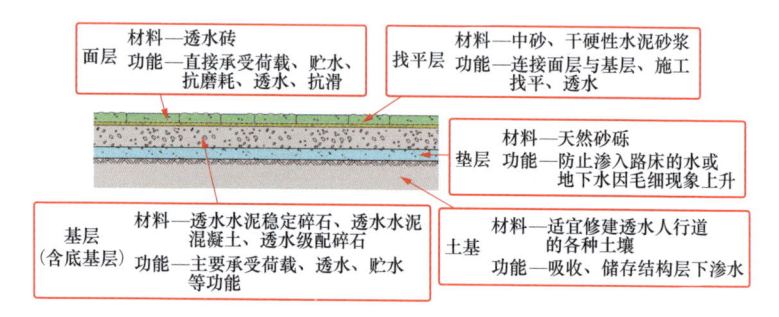

面层　材料—透水砖
　　　功能—直接承受荷载、贮水、抗磨耗、透水、抗滑

找平层　材料—中砂、干硬性水泥砂浆
　　　　功能—连接面层与基层、施工找平、透水

垫层　材料—天然砂砾
　　　功能—防止渗入路床的水或地下水因毛细现象上升

基层（含底基层）　材料—透水水泥稳定碎石、透水水泥混凝土、透水级配碎石
　　　　　　　　　功能—主要承受荷载、透水、贮水等功能

土基　材料—适宜修建透水人行道的各种土壤
　　　功能—吸收、储存结构层下渗水

图 5-6　透水人行道（步道）的基本结构

（2）选择的预制人行道砖，应符合设计等有关要求。运到现场的人行道砖需要经检验合格后，才能够使用，如图 5-7 所示。

图 5-7　预制人行道砖

（3）预制混凝土人行道砖的规格、出厂质量等均要符合有

关规定、要求，例如线路清晰、棱角整齐、表面平整、无裂缝、无蜂窝、无露石、无脱皮等现象。

（4）预制混凝土人行道砖规格，有的施工项目大方砖指尺寸大于或等于 495mm×495mm×100mm，小方砖指尺寸小于或等于 247mm×247mm×50mm。预制道砖（大方砖、小方砖）的质量要求、允许偏差见表 5-7。

表 5-7　预制道砖（大方砖、小方砖）的质量要求、允许偏差

项　　目		质量要求、允许偏差
边长	大方砖	±3mm
	小方砖	±2mm
厚度	大方砖	±5mm
	小方砖	±2mm
混凝土 28d 强度		需要符合设计等有关要求。如果设计没有规定时，则抗压强度≥25MPa
两对角线长度差	大方砖	≤5mm
	小方砖	≤2mm
外露面平整度		2mm
外露面缺边掉角	大方砖	10mm
	小方砖	5mm，且不多于 1 处

（5）人行道路基经过检验合格后，方可应用经纬仪测设纵、横方格网。人行道中线（或边线），可以每隔 5~10m 安设一块方砖作方向、高程的控制点，如图 5-8 所示。

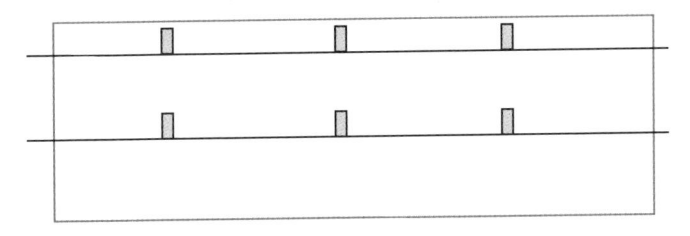

图 5-8　方向、高程的控制点

（6）铺装方砖砂浆摊铺宽度一般需要大于铺装面 5～10cm，并且可以采用水泥石灰混合砂浆或石灰砂浆，如图 5-9 所示。

图 5-9　砂浆摊铺

（7）铺砖时，砖要平放，并且注意缝隙要求与纹路、整体花纹。砖摆放好后，可以用橡胶锤（图 5-10）敲打砖使其稳定，并且注意敲打时不得损伤砖的边角。

（8）铺砌方砖时，一般需要随时检查方砖安装是否牢固、平整。如果发现异常，需要及时进行修整。修整时，一般需要重新铺砌，不得采用向砖底部填塞砂浆、支垫等方法找平砖面。

图 5-10　橡胶锤

（9）采用橡胶带做方砖伸缝时，一般要将橡胶带放置直顺、平正、紧靠方砖。不得有弯曲不平等异常现象，并且缝宽要符合设计等有关要求。

（10）铺砌方砖完成时，需要经检查合格后，才能够进行灌缝。灌缝时，可以采用砂或水泥和砂 1∶10 的干拌混合料。方砖缝灌注后，需在砖面泼水，使灌缝料下沉，然后继续灌料补足，如图 5-11 所示。

（11）人行道路上铺盲道砖时，要将导向行走砖、止步砖等区分开来，不得混用。如图 5-12 所示人行道路上的盲道砖。

图 5-11 灌缝

人行道路上盲道砖

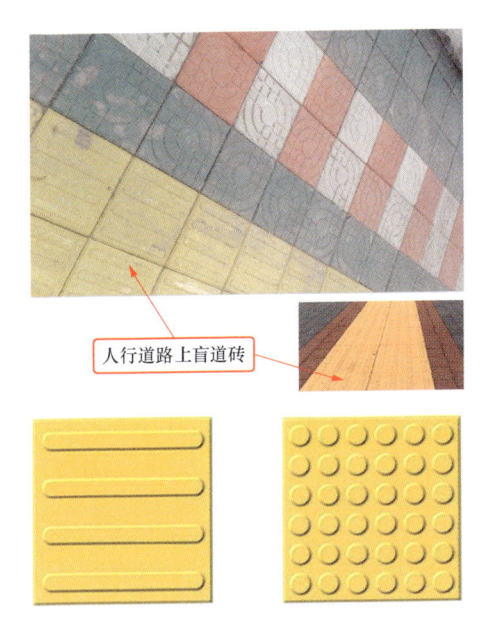

图 5-12 人行道路上的盲道砖

（12）有特殊要求的花砖人行道，要根据设计要求、现场实况制定铺装方案。

（13）检查井周围、弯道等不规则部位的切砖，要采用专用机械进行切砖后铺砌。

（14）铺装完人行道砖后，其养护期不得少于3d，并且养护期内禁止通行。

(15) 人行道路上,可以采用预制人行道砖,其施工要求与质量要求如下:铺砌要平整稳固、灌缝饱满、无翘动现象、人行道面层与其他构筑物接顺无皮坡等。预制块人行道砖安装质量或允许偏差可以参考表5-8。

表5-8 预制块人行道砖安装质量要求或允许偏差

项目名称		质量要求、允许偏差	检验范围	检验点数	检验方法
压实度	路床	≥90%	100m	2	可以用环刀法、灌砂法检验
	基层	≥95%			
缝宽/mm	大方砖	≤3	20m	1	可以用尺量较大值
	小方砖	≤2	20m	1	可以用尺量较大值
井框与面层高差/mm		≤5	每座	1	可以用直尺、塞尺量取较大值
平整度/mm		≤5	20m	1	可以用3m直尺、塞尺量取较大值
相邻块高差/mm		≤2	20m	1	可以用尺量取较大值
纵缝直顺/mm		≤10	40m	1	可以拉20m小线量取较大值
横缝直顺/mm		≤10	20m	1	可以沿路宽拉小线量取较大值
横坡		设计坡度±0.3%	20m	1	可以用水准仪具量测

5.3.2 透水人行道(步道)的铺装结构类型

透水人行道(步道)的铺装结构类型如图5-13所示。

(a) 有停车透水级配碎石基层人行道结构

图5-13 透水人行道(步道)的铺装结构类型(一)

透水砖厚大于或等于80mm
干硬性水泥砂浆厚20~30mm
透水水泥稳定碎石厚150mm
透水级配碎石厚200~300mm
土基

(b) 有停车透水水泥稳定碎石基层人行道结构

透水砖厚大于或等于80mm
干硬性水泥砂浆厚20~30mm
透水水泥稳定碎石厚300mm
天然砂砾厚80mm
土基

(c) 有停车透水水泥稳定碎石基层人行道结构

透水砖厚大于或等于80mm
中砂厚20~30mm
透水水泥混凝土厚150mm
透水级配碎石厚200~300mm
土基

(d) 有停车透水水泥混凝土基层人行道结构

透水砖厚大于或等于80mm
中砂厚20~30mm
透水水泥混凝土厚200~250mm
天然砂砾厚80mm
土基

(e) 有停车透水水泥混凝土基层人行道结构

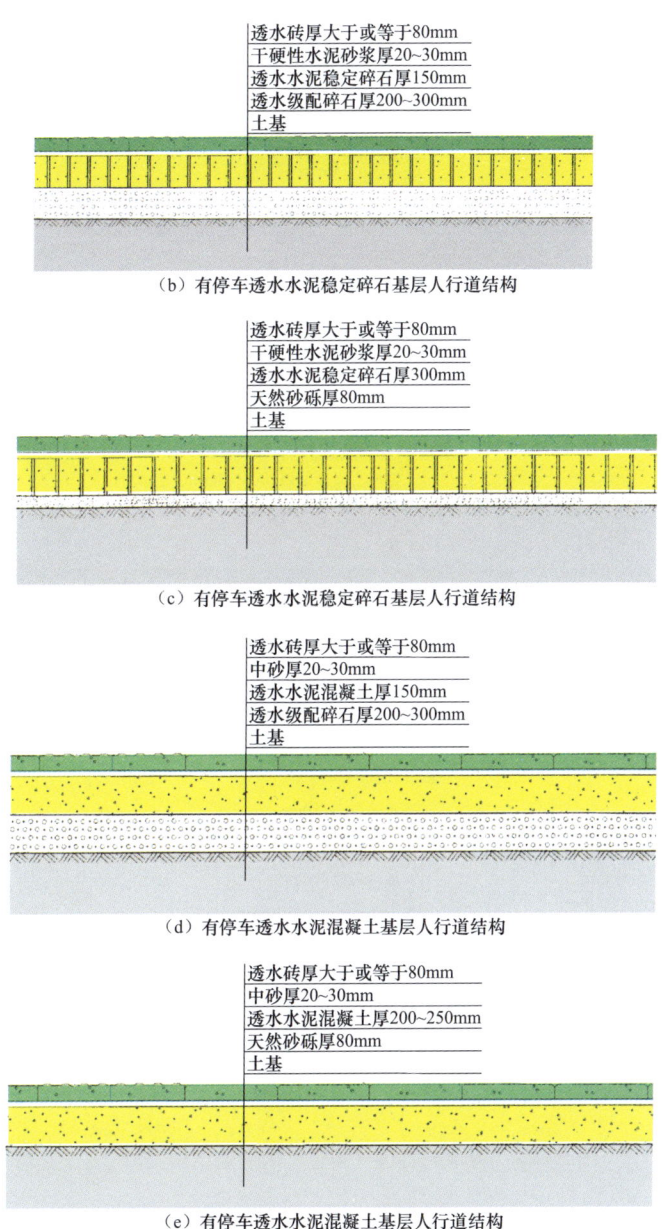

图 5-13　透水人行道（步道）的铺装结构类型（二）

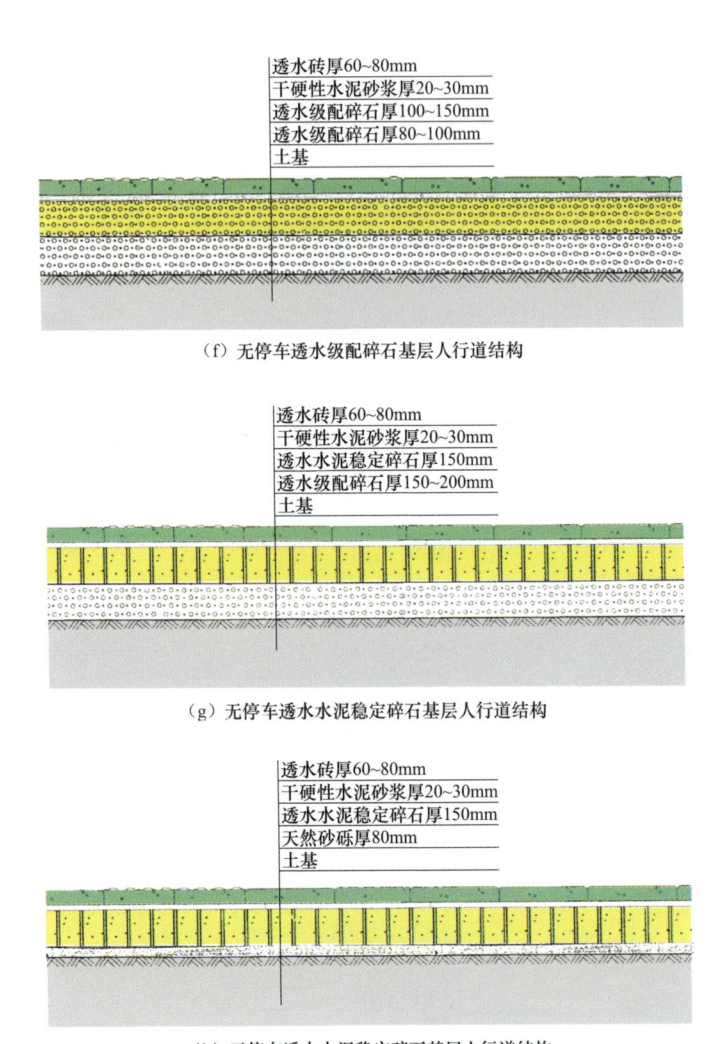

(f) 无停车透水级配碎石基层人行道结构

(g) 无停车透水水泥稳定碎石基层人行道结构

(h) 无停车透水水泥稳定碎石基层人行道结构

图 5-13 透水人行道（步道）的铺装结构类型（三）

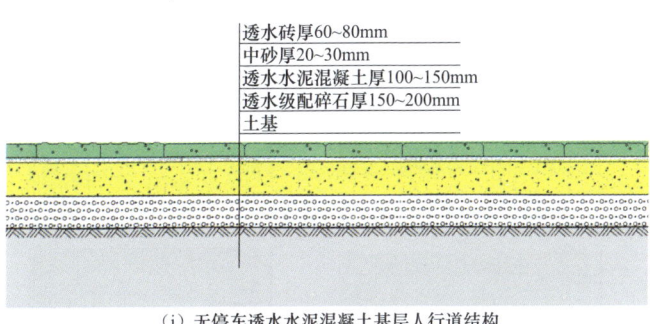

透水砖厚60~80mm
中砂厚20~30mm
透水水泥混凝土厚100~150mm
透水级配碎石厚150~200mm
土基

(i) 无停车透水水泥混凝土基层人行道结构

透水砖厚60~80mm
中砂厚20~30mm
透水水泥混凝土厚150mm
天然砂砾厚80mm
土基

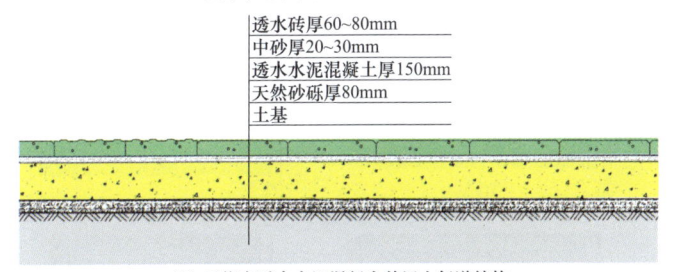

(j) 无停车透水水泥混凝土基层人行道结构

图 5-13　透水人行道（步道）的铺装结构类型（四）

5.3.3　人行道（步道）切块铺装图形

人行道（步道）切块铺装图形如图 5-14 所示。

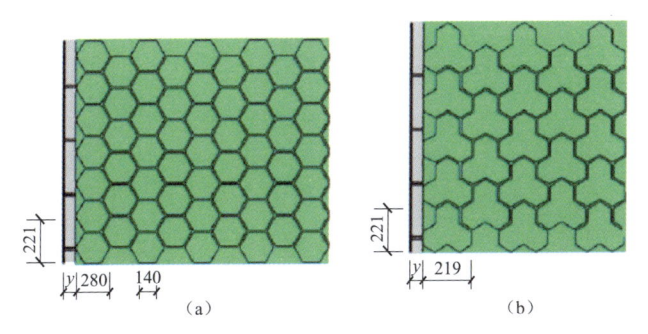

图 5-14　人行道（步道）切块铺装图形（一）（尺寸单位：mm）

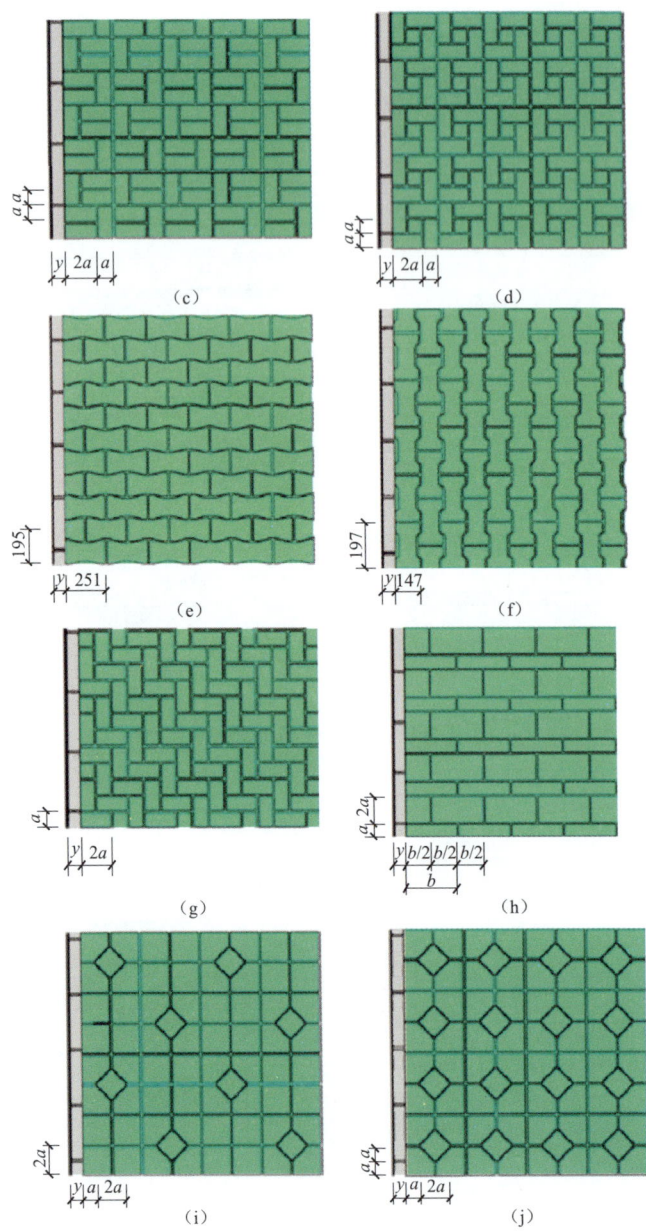

图 5-14 人行道（步道）切块铺装图形（二）（尺寸单位：mm）

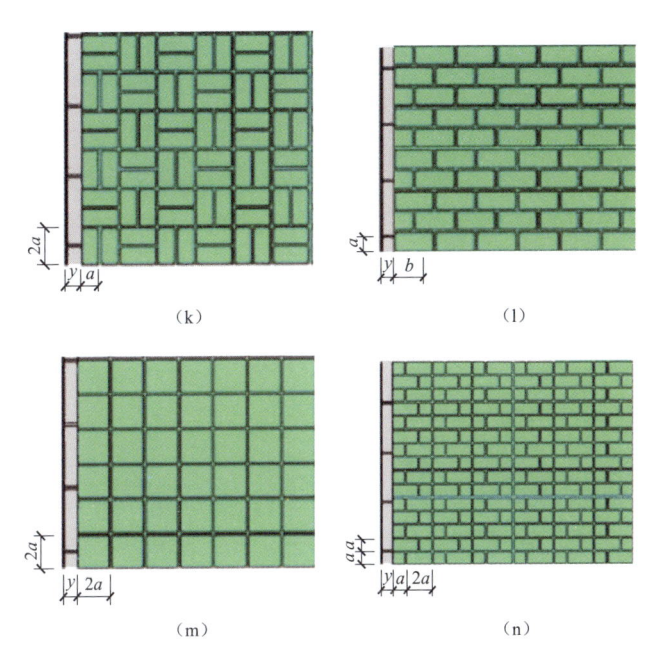

图 5-14 人行道（步道）切块铺装图形（三）（尺寸单位：mm）

图 5-14 [人行道（步道）切块铺装图形] 涉及的 a、b、y 含义见表 5-9。

表 5-9　　　　　　　a、b、y 含义

名　　称	参数	一般规格/mm	灰缝宽/mm
路缘石宽	y	80～150	—
石材	a	150～500	2～3
	b	300～700	
混凝土砖砌块	a	200～300	2～3
	b	200～400	

人行道（步道）切块铺装实例如图 5-15 所示。

图 5-15 人行道（步道）切块铺装实例

5.4 园林道路施工

5.4.1 概述

园林道路施工的主要步骤如图 5-16 所示。

图 5-16 园林道路施工的主要步骤

园林道路施工的中心桩放线，需要根据园林道路的长度来设置桩。园林曲线道路的起点、中点、终点均要设置中心桩、边桩。设置的桩，需要标号，还需要标注道路的标高。园林道路的边桩，一般是根据园林道路宽度与中心桩作为基准来设定的。

园林道路开挖路槽，一般需要在设计路面的宽度基础上每侧再加 200mm 放线开挖。路槽槽底不得有弹簧、翻浆等现象，要碾压夯实，并且平整度要达到要求。

基层铺筑的材料与施工工艺，根据设计、要求来确定。基层的虚铺厚度一般为实铺厚度的 140%～160%。基层铺筑的中线高程、平整度、厚度等参数要达到要求。

结合层的铺筑，根据设计、要求来确定。有采用厚度 30mm 的粗砂垫层的结合层，也有的采用厚度 25mm 的 1:3 水泥砂浆作为结合层的案例。

园林道路边缘还经常采用路缘石。路缘石的基础要与路槽同时填挖碾压。路缘石的结合层也可以采用 1:3 水泥砂浆。路缘石背后可以采用 12% 的白灰土来夯实。

园林道路边缘的路缘石勾缝可以采用 1:3 水泥砂浆。园林道路边缘的路缘石可以采用凹缝形式，其常见的深度要求大约 5mm。

预制砖块面层的园林道路铺装可以参考石材地面的铺装方法。

知识小提示：

混凝土路面砖下设置基层与垫层的原因：为面层施工提供稳定坚实的工作面、有助于控制或减少路基不均匀冻胀或者体积变形对混凝土面层的不利影响，防止或减轻唧泥与错台等异常现象的出现。

5.4.2 卵石嵌花面层与嵌草砖面层的园林道路铺装

卵石嵌花面层的园林道路铺装，一般是先铺筑厚 30mm 的 M10 水泥砂浆，再铺筑厚 20mm 水泥素浆，然后把卵石的厚度大约 60% 插入素浆中。插入卵石时，要注意是否有图文、形状要求。等砂浆强度升到 70% 时，可以用 30% 的草酸溶液冲刷石子表面。卵石嵌花面层的园林道路如图 5-17 所示。

图 5-17 卵石嵌花面层的园林道路（一）

图 5-17 卵石嵌花面层的园林道路（二）

嵌草砖面层的园林道路铺装，需要注意嵌草砖缝隙要填培养土。铺装时，注意嵌草砖的整体图案要求与表达效果。嵌草砖铺装如图 5-18 所示。嵌草砖铺装剖面实例见图 5-19、图 5-20。

图 5-18 嵌草砖铺装（一）

图 5-18 嵌草砖铺装（二）

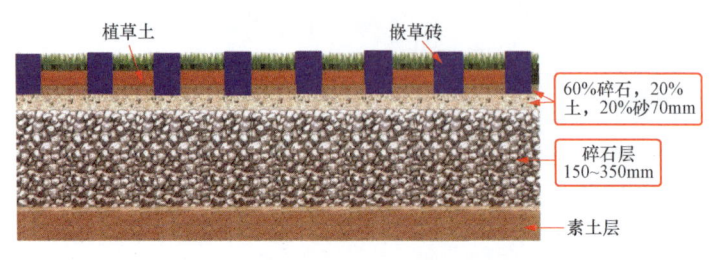

图 5-19 嵌草砖铺装剖面实例 1

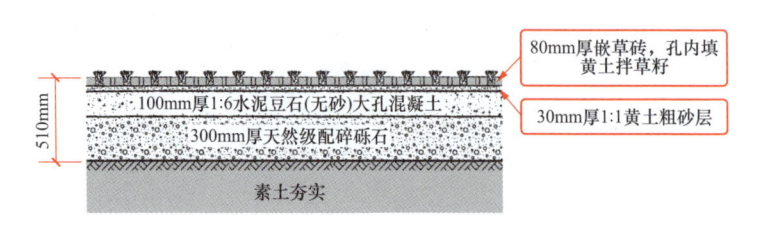

图 5-20 嵌草砖铺装剖面实例 2

5.5 透水砖的施工

5.5.1 施工要求概述

(1) 透水砖路面的施工,需要根据当地的水文、地质、气候环境等条件,结合雨水排放规划、雨洪利用要求,协调好相关附属设施。透水砖路面施工可能涉及其他设施如图 5-21 所示。

图 5-21 透水砖路面施工可能涉及其他设施

(2) 透水砖路面需要满足透水、荷载、防滑等使用功能、抗冻胀等耐久性等要求。

(3) 透水砖路面的施工(设计)一般要满足当地 2 年一遇的暴雨强度下,持续降雨 60min,表面不得产生径流的透(排)水要求。

(4) 透水砖路面的施工(设计)合理使用年限宜为 8~10 年。

(5) 透水砖路面结构层一般由透水砖面层、找平层、基层、垫层等组成。透水砖路面施工场景见图 5-22。透水砖路面结构层示例如图 5-23 所示。

(6) 透水砖路面下的土基应具有一定的透水性能。当土基、

图 5-22 透水砖路面施工场景

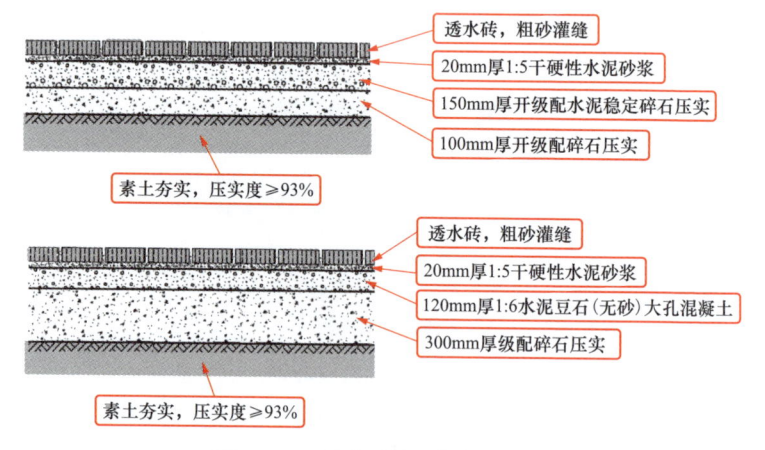

图 5-23 透水砖路面结构层示例

土壤透水系数、地下水位高程等条件不满足有关要求时,要增加路面排水内容。

(7) 寒冷地区透水砖路面结构层要设置单一级配碎石垫层或砂垫层并应验算防冻厚度。

(8) 透水砖路面的施工,结构层中的原材料需要符合有关要求、标准。粗集料一般使用质地坚硬、耐久、洁净的碎石、碎砾石、砾石。细集料宜采用机制砂,如图 5-24 所示。

(9) 透水砖路面一般需要根据实际情况,以及结合其他排水设施设置纵横坡度。

(10) 透水砖路面结构层的组合施工(设计),一般可以根

图 5-24 细集料

据路面荷载、地基承载力、土基的均质性、地下水的分布、季节冻胀、结构层强度、结构层透水、结构层储水能力、结构层抗冻性等要求、情况综合考虑。

（11）透水砖强度等级可以根据不同道路类型参考选择见表 5-10。

表 5-10　　　　透水砖强度等级

道路类型	抗折强度/MPa 平均值	抗折强度/MPa 单块最小值	抗压强度/MPa 平均值	抗压强度/MPa 单块最小值
人行道、步行街	≥5.0	≥4.2	≥40.0	≥35.0
小区道路（支路）广场、停车场	≥6.0	≥5.0	≥50.0	≥42.0

（12）选择的透水砖面层一般要与周围环境相协调，砖型选择、铺装形式需要符合有关设计、图纸等要求。

（13）选择的透水砖需要符合铺装场所、功能要求。

（14）透水砖的接缝宽度一般不宜大于 3mm，如图 5-25 所示。

（15）透水砖接缝用砂级配一般需要符合的规定见表 5-11。

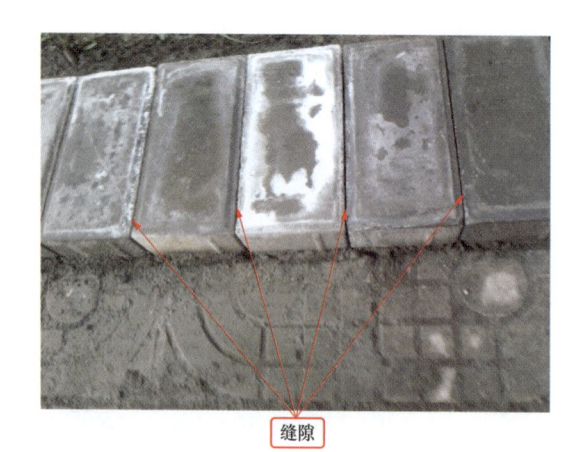

图 5-25　透水砖的接缝

表 5-11　透水砖接缝用砂级配一般需要符合的规定

筛孔尺寸/mm	10.0	5.0	2.5	1.25	0.63	0.315	0.16
通过质量百分率/%	0	0	0～5	0～20	15～75	60～90	90～100

（16）透水砖路面的找平层一般是在透水砖面层与基层间。找平层透水性能一般不得低于面层所采用的透水砖。另外，找平层可以采用中砂、粗砂、干硬性水泥砂浆等，厚度一般大约为 20～30mm。干硬性水泥砂浆如图 5-26 所示。

图 5-26　干硬性水泥砂浆

(17) 透水砖路面的基层,一般要求足够的强度、透水性、水稳定性,连续孔隙率不得小于 10%。基层类型可包括:刚性基层、半刚性基层、柔性基层、透水粒料基层、透水水泥混凝土基层、水泥稳定碎石基层等类型。

(18) 透水砖路面的级配碎石可以用于土质均匀,承载能力较好的土基。透水水泥混凝土的性能要符合现行国家、行业等有关标准。透水砖路面的基层集料级配参考要求见表 5-12～表 5-14。

表 5-12　透水性水泥稳定碎石基层集料级配

筛孔尺寸/mm	31.5	26.5	19.0	16.0	9.5	4.75	2.36
通过质量百分率/%	100	70～100	50～85	35～60	20～35	0～10	0～2.5

表 5-13　透水水泥混凝土基层集料级配

筛孔尺寸/mm	31.5	26.5	19.0	9.5	4.75	2.36
通过质量百分率/%	100	90～100	72～89	17～71	8～16	0～7

表 5-14　级配碎石基层集料级配

筛孔尺寸/mm	26.5	19.0	13.2	9.5	4.75	2.36	0.075
通过质量百分率/%	100	85～95	65～80	55～70	55～70	0～2.5	0～2

(19) 如果透水砖路面土基为砂性土、底基层为级配碎砾石时,则可以不设置垫层。如果透水砖路面土基为黏性土时,透水砖路面一般要设置垫层。垫层材料一般要采用透水性能较好的砂或砂砾等颗粒材料,并且还得采用无公害工业废渣。

(20) 透水砖路面的土基要具有密实、稳定、均质、足够强度、稳定性、抗变形能力性、耐久性等要求。透水砖路面的路槽底面土基回弹模量值一般不得小于 20MPa,特殊情况不小于 15MPa。透水砖路面的土基土质路基压实度一般不低于表 5-15 的要求。

表5-15　　　　　　　　土质路基压实度要求

填挖类型	深度范围/mm	压实度/%	
		次干路	支路、小区道路
挖方	0～300	93	90
填方	0～800	93	90
	>800	90	87

（21）如果土基、土壤透水系数、地下水位等条件不满足有关规定，则透水砖路面一般会增加透水砖路面的排水施工（设计）内容。透水砖路面的排水，可以分表面排水、内部排水。具体的透水砖路面是根据市政管网、绿化景观、生态建设、雨水综合利用系统、有关规定进行综合来考虑。透水砖路面内部雨水收集，可以采用多孔管道、排水盲沟等形式。广场路面一般会根据规模设置纵横雨水收集系统。透水砖路面排水管管径，一般会根据汇水区域雨水量进行水力来计算确定。另外，实际的透水砖路面一般要采用防止多孔管材、盲沟周围被雨水携带的颗粒堵塞的措施。

（22）透水砖面层施工前，一般要求根据有关规定对道路各结构层、排水系统、附属设施进行检查验收，符合要求、检查合格后才能够进行透水砖面层施工。

（23）透水砖面层施工开工前，施工测量方案、控制网线点等应具备。

（24）透水路面施工前，各类地下管线应先行施工完毕。各类地下管线的施工场景如图5-27所示。

（25）透水路面施工中，应对既有、新建地上杆线、地下管线等建（构）筑物采取相应的保护措施。

（26）施工地段应设置行人、车辆的通行与绕行路线的有关标志。

（27）施工中采用的量具、器具应进行校对、标定。

（28）对进场原材料进行必要的检验。

图 5-27　各类地下管线的施工场景

（29）冬期、雨期进行透水砖路面施工时，要根据批准的、结合工程实际情况制定的专项施工方案进行施工。

（30）透水砖铺筑时，基准点、基准面要根据有关图纸、工程规模、透水砖规格、透水砖块形、透水砖尺寸进行设置。

（31）铺筑透水砖一般要从透水砖的基准点开始，以及要以透水砖基准线为基准，根据有关图纸、规定进行铺筑。铺筑透水砖的纹路，也需要根据有关图纸、规定进行铺筑，如图 5-28 所示。

图 5-28　铺筑透水砖的纹路

（32）铺筑透水砖路面时，一般要拉纵通线、横通线进行铺筑，并且每3～5m设置一个基准点。

（33）铺筑透水砖路面时，不要直接站在找平层上作业（图5-29），也不要在新铺设的砖面上进行拌和砂浆、堆放材料等。

图5-29 铺筑透水路面砖场景

（34）铺筑透水砖中，需要随时检查透水砖的牢固性、平整度，必要的情况需要及时进行修整，不得采用向透水砖底部填塞砂浆、支垫等方法进行砖面找平。

（35）需要切割透水砖时，应采用专用切割机械进行切割。

（36）透水砖的接缝，可以采用中砂、细砂灌缝。灌缝场景如图5-30所示。

图5-30 灌缝场景

(37)竖曲线透水砖接缝宽度一般大约为2～5mm。曲线外侧透水砖的接缝宽度一般不应大于5mm，内侧一般不应小于2mm。

(38)人行道、广场等透水砖路面的边缘部位，一般要设有路缘石。

(39)透水砖铺筑完后，表面应敲实（图5-31），注意平整度或者坡度（图5-32），以及及时清除透水砖面上的碎屑、杂物，并且透水砖面上不得残留水泥砂浆。

图5-31 表面敲实场景　　图5-32 注意平整度或者坡度场景

(40)透水砖面层铺筑完成后基层没有达到规定强度前，严禁车辆等进入通行，如图5-33所示。

图5-33 严禁车辆等进入通行

5.5.2 施工工艺流程

透水砖铺装施工步骤见图 5-34。

路基的开挖 → 垫层的铺设 → 管线的铺设 → 找平层的铺设 → 面层的铺设

图 5-34 透水砖铺装施工步骤

(1) 路基的开挖。

1) 根据设计等有关要求，进行路床开挖以及清理土方。注意设计标高、纵坡、横坡、边线等要符合要求。

2) 对路基进行修整、找平、碾压密实。

(2) 垫层的铺设。一般铺设大约 200mm 厚无砂混凝土，以及找平、碾压密实。

(3) 管线的铺设。

1) 大中型车行道一般要铺设 300mm 厚的无机结合料稳定粒料垫层，然后找平、碾压密实。

2) 人行道、花园道路铺设大约 120mm 或 10mm 厚级配砂石，然后找平、碾压密实。

3) 小型汽车道一般要铺设大约 150mm 厚的无机结合料稳定粒料垫层（或大约 150mm 厚级配砂石，最大粒径不得超过 60mm，最小粒径不得超过 0.5mm），然后找平、碾压密实。

(4) 找平层的铺设。找平层可以用中砂，厚大约 30mm。

(5) 面层铺设。

1) 面层为透水砖。人行道、广场透水砖最小厚度大约 60mm；小型汽车道透水砖最小厚度大约 60～80mm。

2) 铺设时，需要根据有关图案进行铺装透水砖。

3) 铺设时，需要轻轻平放，以及用橡胶锤捶打稳定。但是不得损伤透水砖的边角。

5.5.3 施工结构图示

透水砖铺装施工结构图例如图 5-35 所示。

(a) 透水路面有组织排水施工

(b) 透水路面无组织排水施工

图 5-35　透水砖铺装施工结构图例

5.5.4　施工验收

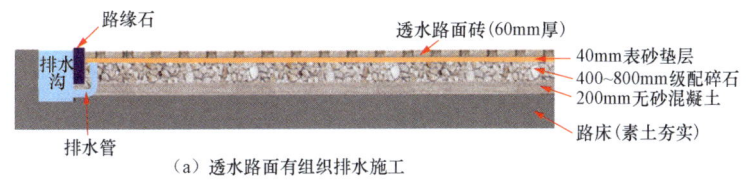

透水砖铺装验收要点如下：

（1）土基、基层等工序一般是分部工程、分项工程验收。

（2）结构层的透水性一般是逐层验收，并且需要符合有关要求。

（3）使用的透水砖的透水性能、颜色、厚度、抗滑性、耐磨性、块形、强度等需要符合有关要求。

（4）透水砖的铺筑形式需要符合有关要求。

（5）应对其他资料、相关技术文件等进行验收。

（6）应对施工质量控制资料、主控项目验收记录、一般项目的验收记录等进行验收。

（7）应对透水砖性能检测报告、结构层的配合比报告等进行验收。

（8）应对主要材料、半成品、成品的质量证明文件等进行验收。

（9）质量检验、验收标准，一般需要符合有关现行国家、行业标准、要求的规定。

（10）铺筑的透水砖要平整、稳固，不得有空鼓、掉角、污染、断裂、翘动、灌缝不饱满、缝隙不一致等缺陷。

（11）铺筑透水砖的水泥、外加剂、集料、砂等的质量、包装、品种、级别、储存等需要符合现行有关标准的规定、要求。

（12）透水砖面层与路缘石、其他构筑物要接顺，不得有反坡积水等异常现象。

（13）铺装透水砖的允许偏差、检验频率与检验方法需要符合表5-16的参考规定。

表5-16　　　　　铺装透水砖的允许偏差

项目	允许偏差	检验频率 范围	检验频率 点数	检验方法
相邻块高差	≤2mm	20m	1	用塞尺量取最大值
横坡	±0.3%	20m	1	用水准仪测量
纵缝直顺度	≤10mm	40m	1	拉20m小线量3点取最大值
井框与路面高差	≤3mm	每座	1	用塞尺量最大值
各结构层厚度	±10mm	20m	1	用钢尺量3点取最大值
表面平整度	≤5mm	20m	1	用3m直尺和塞尺连续量取两次最大值
宽度	不小于设计规定	40m	1	用钢尺量
横缝直顺度	≤10mm	20m	1	沿路宽拉小线量3点取最大值
缝宽	±2mm	20m	1	用钢尺量3点取最大值

5.6　路缘石施工

5.6.1　施工概述

城市道路的人行道、人行横道宽度范围内路缘石，一般采用低矮形式，坡面较平缓，便于人通行，如图5-36所示。分隔带端头、交叉口的小半径的地方，往往采用圆弧路缘石。路缘石高出路面大约 0.1~0.2m，隧道内线形弯曲线段、陡峻路段等地方可以高出大约 0.25~0.4m。路缘石需要有足够的埋置深度，以确保稳定。城市道路的人行道、人行横道宽度范围内路缘石宽度大约 0.1~0.15m。

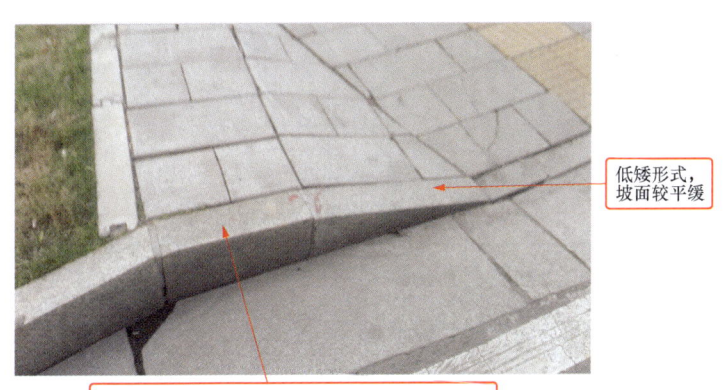

图 5-36 人行道路缘石

高速公路、一级公路中央分隔带上的路缘石起连接、导向、便于排水等作用，高度不能够太高。因为这种路缘石太高（例如高度大于 0.2m）会使高速行驶的汽车一旦驶入会产生飞跃，甚至是翻车危险。为此，高速公路、一级公路中央分隔带上的路缘石往往采用高度小于 0.12m 的低矮光滑斜式路缘石、低矮光滑曲式路缘石。

路缘石（道牙）铺装施工基本要求如下：

(1) 铺装施工，需要根据设计文件、图纸等要求，选择符合规定要求的石质或预制混凝土路缘石。

(2) 铺装施工前，要根据标准进行现场复检，合格后才可使用。如图 5-37 所示为损坏的石材。

(3) 尽量选择花岗岩作为原料的石质路缘石。

(4) 石质路缘石允许偏差参考规定见表 5-17。

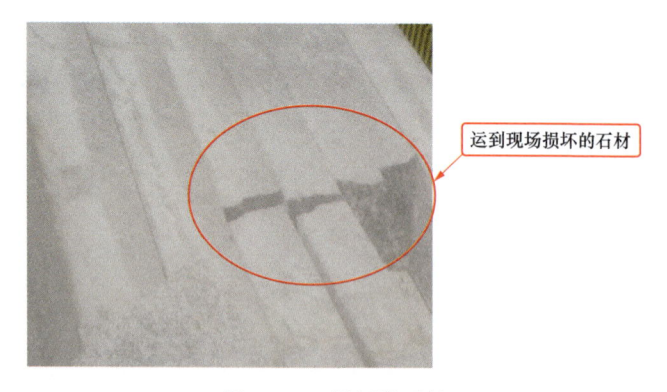

图 5-37　损坏的石材

表 5-17　石质路缘石允许偏差参考规定

项　目	允　许　偏　差
外形尺寸	长±5mm，宽、厚±3mm
细剁斧石面平整度	≤3mm
对角线（大面长边相对差）	≤5mm
剁斧纹路	应直顺、无死坑

注　剁斧面不得有飞边、斜角、拼棱、残边。

（5）如果采用预制混凝土路缘石，则其强度等级要符合有关设计等要求。当设计没有规定时，则不应小于 C30。

（6）预制混凝土路缘石表面不得出现露石、脱皮、蜂窝、裂缝等异常现象。

（7）预制混凝土路缘石允许偏差见表 5-18。

表 5-18　预制混凝土路缘石允许偏差

项目	允　许　偏　差
混凝土 28d 强度	需要符合设计等有关规定。当设计没有规定时，则抗折标准试验荷载应≥26kN；设计抗压强度应≥30MPa
外形尺寸（长、宽、高）	允许偏差±5mm
外露面缺边掉角长度	允许偏差≤20mm 且不多于 1 处
外露面平整度	允许偏差≤3mm

(8) 路缘石基础一般宜与路基同时填挖、碾压等操作。

(9) 一般可以根据测量设定的平面、高程位置刨槽、找平、夯实后再安装路缘石。

(10) 路缘石安装控制桩测设，一般采用水准仪、经纬仪等仪器来测设，并且曲线段为 5～10m、直线段桩距为 10～15m、路口为 1～5m。

(11) 路缘石背后一般要用水泥混凝土浇筑三角支撑，并且还土要用石灰土，并夯实，压实度不要小于 90%，高度不要小于 15cm，宽度不要小于 50cm。

(12) 路缘石灌缝前，要修整好，使其位置、高程符合设计等有关要求。沥青路面的路缘石灌缝，则可以在面层铺筑完成后进行灌缝。路缘石灌缝养护期一般不得少于 3d，养护期间不得碰撞路缘石。

(13) 立缘石、平缘石铺装要稳固、直顺、曲线圆顺。立缘石背后一般要回填应密实，并且立缘石灌缝要密实；平缘石要不阻水。

(14) 钉好桩挂线，然后沿基础一侧把路缘石依次排好。

(15) 立缘石、平缘石的垫层一般用 1:3 石灰砂浆找平，并且虚厚大约 2cm，以及根据放线位置安砌好路缘石。一般可以用 M10 水泥砂浆灌缝。

(16) 曲线部分要根据控制桩桩位进行安砌。

(17) 路缘石调整块需要用机械切割成型，或者采用现浇同级混凝土制作，不得用砖砌抹面方式作路缘石调整块。

(18) 无障碍路缘石、盲道口路缘石，一般根据施工（设计）等有关要求安装。

(19) 雨水口处的路缘石，一般需要与雨水口配合进行施工。

(20) 沥青路面路缘石安装时，一般是先安装路缘石，并且是先安装立缘石。立缘石底面不低于平面石底面时，才能够先安装平面石。

(21) 立缘石、平缘石安砌参考允许偏差要符合表 5-19 的规定。

表 5-19　立缘石、平缘石安砌参考允许偏差

项目名称	允许偏差	检验范围	检验点数	检验方法
直顺度	≤10mm	100延米	1	可以拉20m小线取较大值
相邻块高差	≤3mm	20m	1	可以用塞尺量取较大值
缝宽	±3mm	20m	1	可以用尺量取较大值
立缘石顶面高程	±10mm	20m	1	可以用尺量取较大值
立缘石外露尺寸	±10mm	20m	1	可以用尺量取较大值
立缘石槽底及后背填土密实度	≥90%	100m	1	可以用环刀法检验

5.6.2　路缘石垫层的类型与选择

路缘石（道牙）垫层的类型与选择如图 5-38 所示。

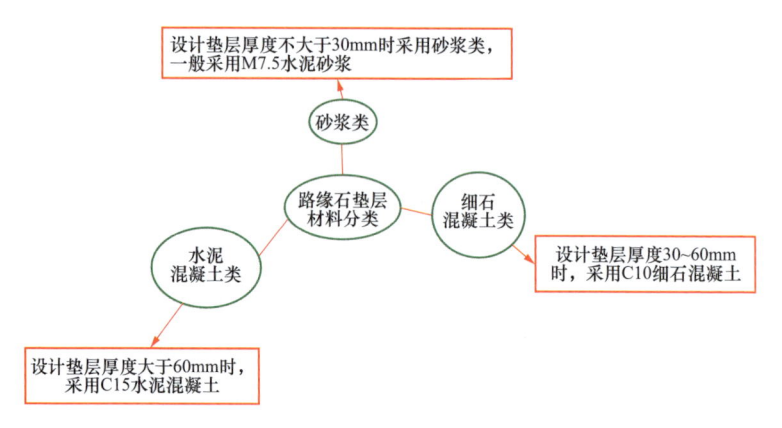

- 砂浆类：设计垫层厚度不大于30mm时采用砂浆类，一般采用M7.5水泥砂浆
- 细石混凝土类：设计垫层厚度30~60mm时，采用C10细石混凝土
- 水泥混凝土类：设计垫层厚度大于60mm时，采用C15水泥混凝土

图 5-38　路缘石（道牙）垫层的类型与选择

5.6.3　路缘石（道牙）靠背的类型

路缘石（道牙）靠背类型图解如图 5-39 所示。不灌缝的路缘石（道牙）一般需要采用混凝土基础＋靠背的形式。路缘石宽度不大于 220mm 的，则一般需要设置靠背。专用非机动车道、人行道上的路缘石一般采用独立基础的路缘石＋靠背的形式。

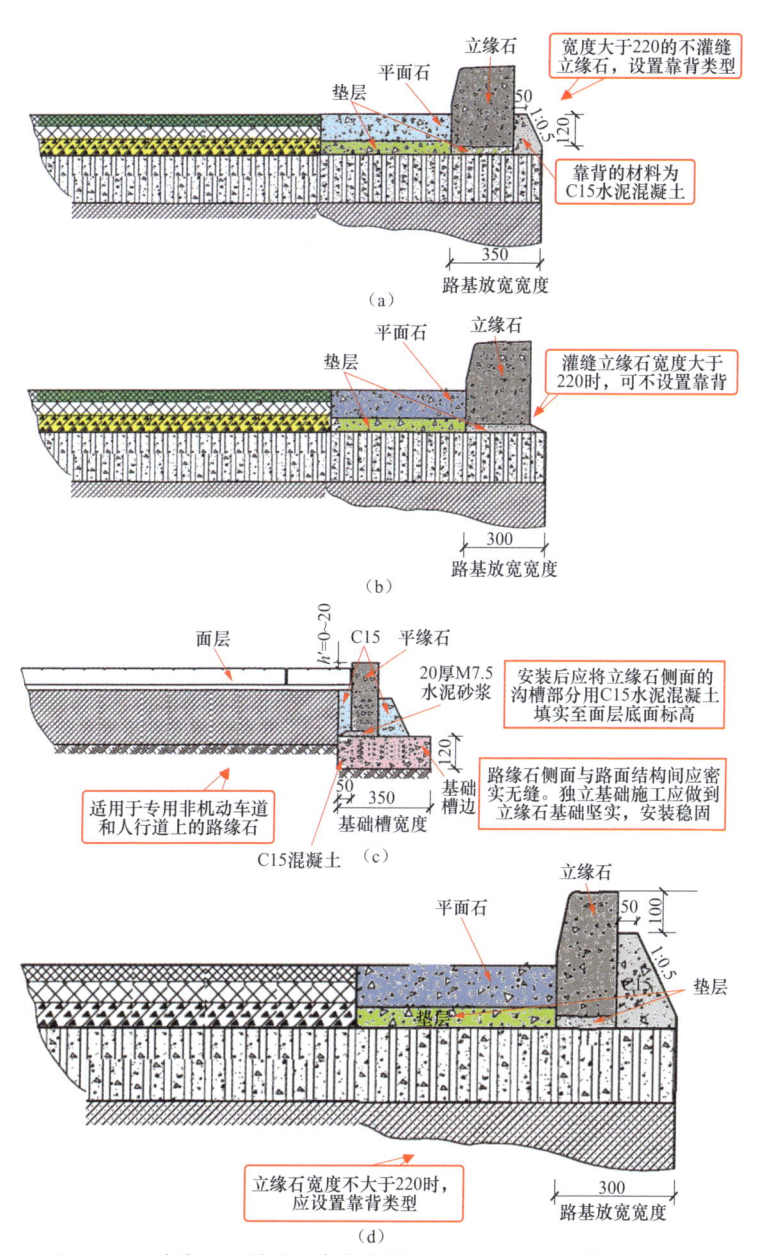

图 5-39 路缘石（道牙）靠背类型图解（一）（尺寸单位：mm）

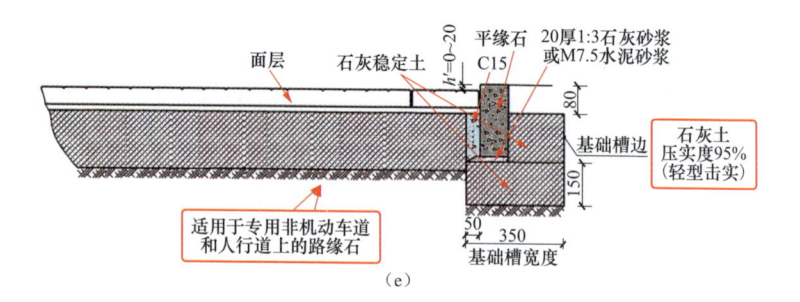

图 5-39　路缘石（道牙）靠背类型图解（二）（尺寸单位：mm）

5.6.4　路缘石与路面共用基层的施工

路缘石（道牙）与路面共用基层的施工要求如图 5-40 所示。

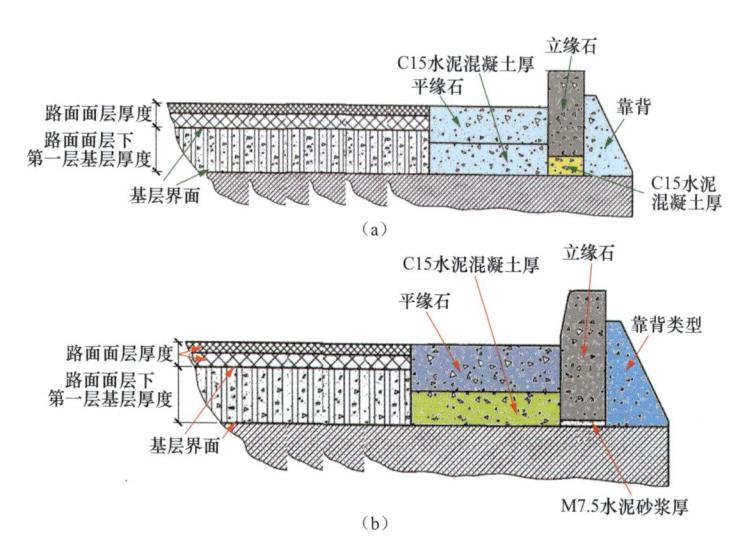

图 5-40　路缘石（道牙）与路面共用基层的施工要求（一）

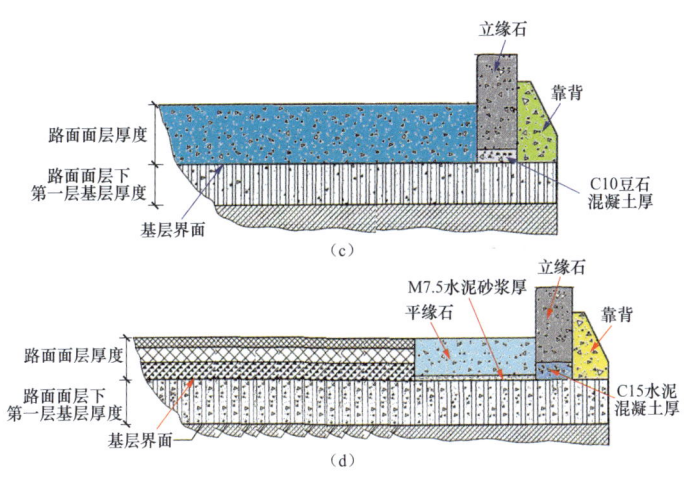

图 5-40　路缘石（道牙）与路面共用基层的施工要求（二）

5.6.5　路缘石铺装

路缘石（道牙）铺装要求如下：

（1）路缘石侧石、平石的尺寸、光洁度需要满足要求。

（2）路缘石需要挂通线进行施工，如图 5-41 所示。挂通线时，根据所需要的平直度面那侧作为基准面，也就是挂通线的面。实际中，一般是按侧平面顶面示高标线。挂通线时，需要绷紧线。砌侧平石时，应按线码砌，安装要正，不得前仰后合。砌侧平石时，侧面顶线要顺直、圆滑、平顺，没有内外错牙现象、高低错牙现象、上下错台现象等。

图 5-41　挂通线

（3）路缘石必须坐浆砌筑，并且坐浆要密实，不得采用塞缝砌筑，如图 5-42 所示。

图 5-42 坐浆砌筑

（4）有的要求立缘石与平缘石必须在中间均匀错缝，如图 5-43 所示。

图 5-43 立缘石与平缘石中间均匀错缝

(5) 路缘石接缝处错位不超过 1mm，如图 5-44 所示。

图 5-44　接缝处错位要求

(6) 弯道路缘石的弯道石，一般需要根据需要设计好半径，以及尽量采用加工的弯道石，以保证砌筑后线形圆顺流畅、拼缝紧密、美观，如图 5-45 所示。

图 5-45　弯道石

(7) 路缘石后背需要还土夯实，并且夯实宽度不得小于 50mm，厚度不得小于 15mm，如图 5-46 所示。

路沿石后背需要还土夯实

图 5-46　后背还土夯实

（8）路缘石勾缝时，需要再挂线，以便缝隙合格、整体美观。勾缝前，应把侧石缝内的杂物剔除干净，然后用水润湿，再用 1∶2.5 水泥砂浆灌缝填实并且勾干好，如图 5-47 所示。路缘石在勾缝、安砌后，适当浇水进行养护。

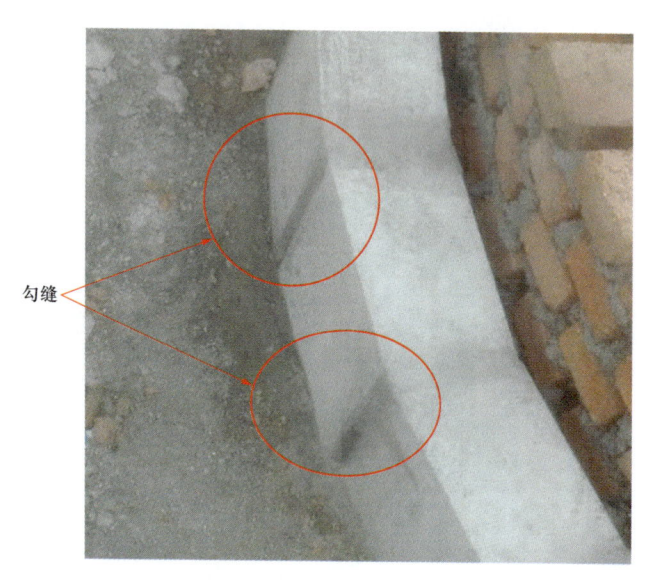

勾缝

图 5-47　勾缝

5.7 树池边框

5.7.1 树池的一些拼装图解

树池的一些参考拼装如图 5-48 所示。

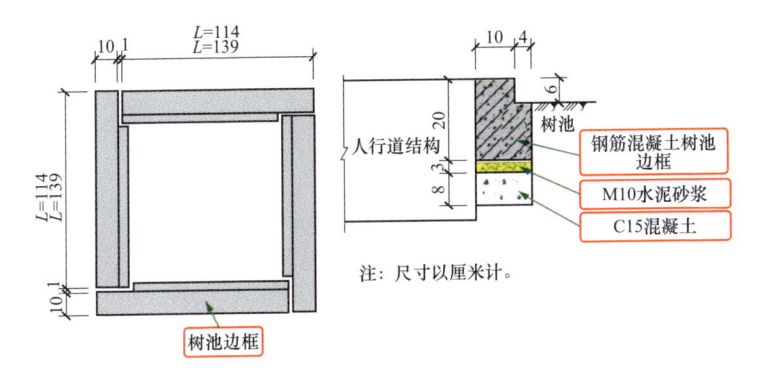

（a）参考拼装1

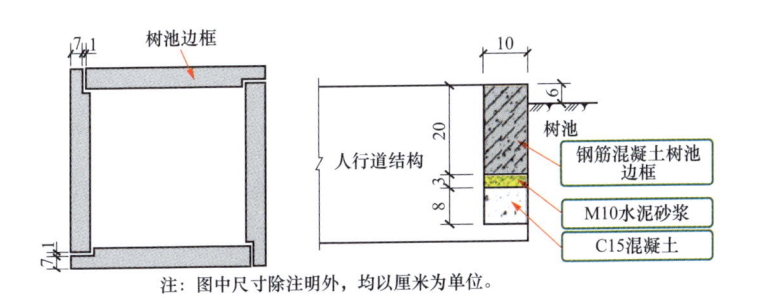

（b）参考拼装2

图 5-48 树池的一些参考拼装（一）

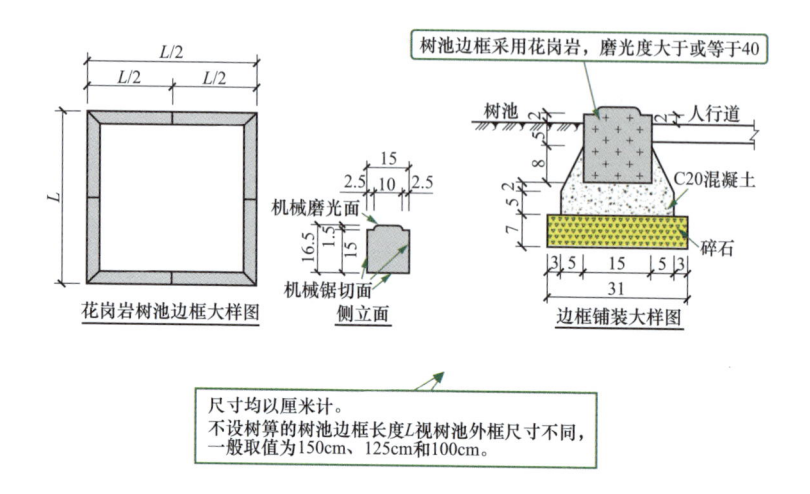

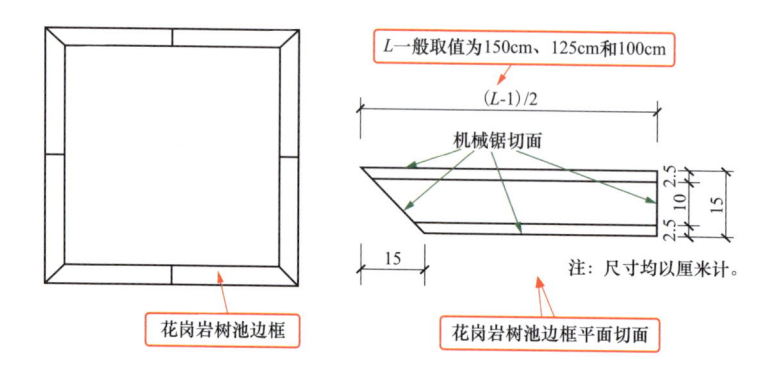

(c) 参考拼装3

图5-48 树池的一些参考拼装（二）

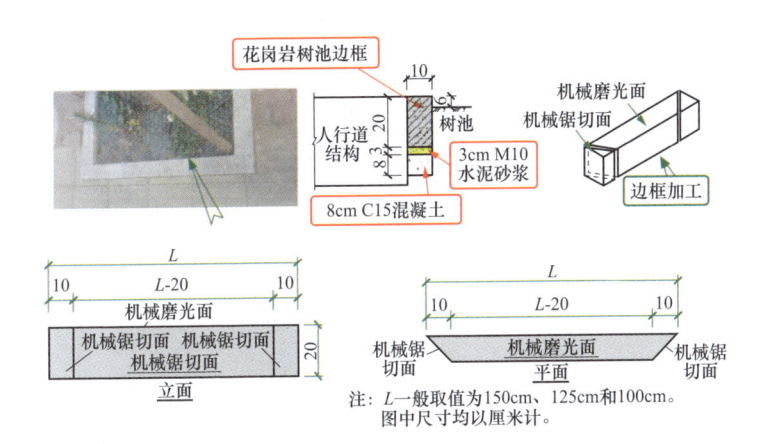

(d) 参考拼装4

图 5-48 树池的一些参考拼装（三）

树池实例如图 5-49 所示。

图 5-49 树池实例

5.7.2 透水彩石树池铺装一般规定与结构层

（1）透水彩石树池铺装一般规定：

1）树池深度不足 7cm 时，不适合铺设透水彩石。对于根部易凸起或易形成板状根的树木，不宜进行透水彩石铺装。

2）透水彩石层结构类型的选择要根据树池深度、土基的透水性能来确定。透水彩石面层除满足美观、透水功能要求以外，还要有一定的承载能力，抗压强度应达到 20MPa。

3）土基为透水性好的砂质土、壤质土等时可不设置垫层。土基为透水性差的黏质土、沉积土等时应设置垫层。

4）透水能力应满足透水系数（15℃）不小于 3.0×10^{-2} cm/s。要给树木留有足够的生长空间。速生树种应保留不少于 10cm 生长空间，慢生树种应保留 5cm 生长空间。

（2）透水彩石树池铺装一般结构层如图 5-50 所示。

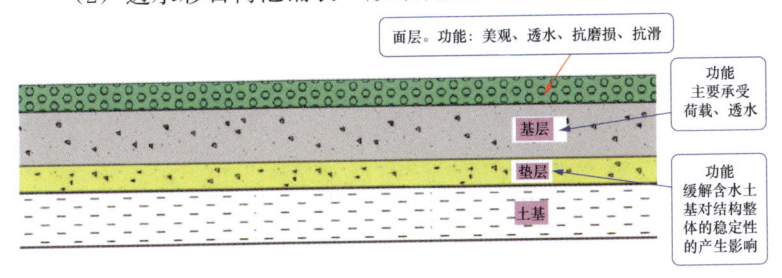

图 5-50　透水彩石树池铺装结构层

（3）透水彩石树池铺装不同透水性结构层如图 5-51 所示。

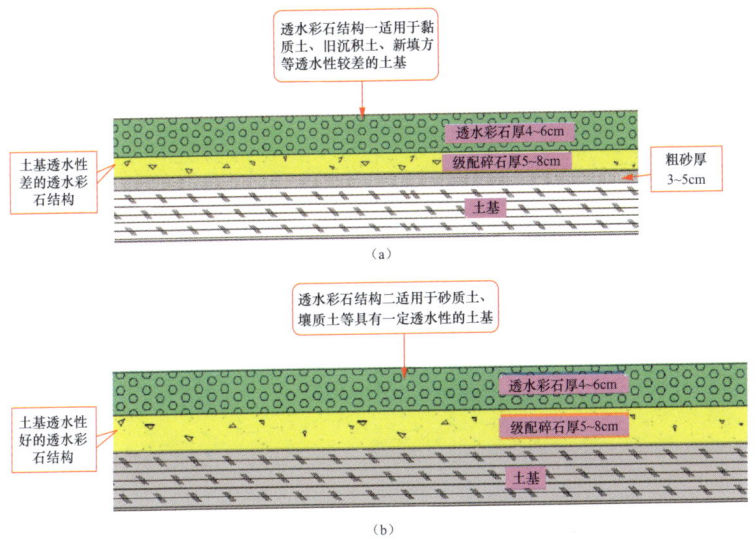

图 5-51　透水彩石树池铺装不同透水性结构层

5.7.3　透水彩石树池铺装施工准备与各层的施工要求

1. 施工准备

（1）阅读施工组织设计。

（2）检查黏结剂的毒性检测检验报告。

（3）进场的各种材料按规定复检，严禁使用不合格材料。

（4）施工范围内的各类管线、绿化设施构筑物等在施工前全部完成。

（5）做好水电供应、交通、搅拌、堆料场地等准备工作。

2. 各层施工要求

（1）垫层施工要求。垫层施工前，应处理好土基并完成排水、地下管线等设施；垫层要均匀、平整。

（2）基层施工要求。基层的强度要满足设计要求，级配碎石应拌均匀并压实。

（3）面层施工要求。

1）施工前后 25h 无雨。施工现场温度应控制在 $-5\sim35℃$。确保透水彩石干燥外表无水分时进行施工，大风、沙尘天气不得施工，夜间施工要有防水、防雾、防水蒸气等措施。

2）黏结剂和骨料按黏结剂所要求的配合比例进行配制，搅拌均匀后，迅速倒入施工面进行铺装。黏结剂和骨料在出现黏结剂硬化时，作废品处理。

3）搅拌黏结剂的容器、工具、施工基础面必须保持干燥、无污染，施工时用的骨料必须晒干。施工时用的骨料光滑大小均匀，骨料外表应干燥无水分。

4）黏结剂应存放在密封铁容器或塑料容器内，黏结剂配制的混合物应在 30min 内使用完毕。

5.7.4 透水彩石树池铺装施工验收检查

透水彩石树池铺装施工验收检查要点如下：

（1）外观验收检查时，应无掉角、无断裂、无污染等现象。外形完整、颜色达到要求、平整度好、表面整齐、填封正确等要求。

（2）阻燃性、厚度检验要求见表 5-20。

表 5-20　　　　阻燃性、厚度检验要求

项目	指标	方法
厚度	4～6cm	尺量法
阻燃型	无明显痕迹	香烟头燃烧

5.8 金属与石材幕墙工程

5.8.1 石材的要求

金属与石材幕墙工程中石材的要求如下：

(1) 幕墙石材需要选用火成岩，石材吸水率需要小于 0.8%。

(2) 花岗石板材的弯曲强度需要经法定检测机构检测确定，其弯曲强度不得小于 8.0MPa。

(3) 火烧石板的厚度，一般需要比抛光石板厚 3mm。

(4) 幕墙石材表面，一般需要采用机械进行加工。加工后的石材表面，应用高压水冲洗或用水、刷子进行清理，严禁使用溶剂型的化学清洁剂清洗石材。

(5) 幕墙石材的技术要求需要符合《天然花岗石建筑板材》(GB/T 18601—2009)、《天然花岗石荒料》(JC/T 204—2011) 等有关标准的规定。

(6) 幕墙石材的主要性能试验方法需要符合《天然饰面石材试验方法 第 4 部分：耐磨性试验方法》(GB/T 9966.4—2001)、《天然饰面石材试验方法 第 6 部分：耐酸性试验方法》(GB/T 9966.6—2001)、《天然饰面石材试验方法 干燥、水饱和弯曲强度试验方法》(GB/T 9966.2—2001)、《天然饰面石材试验方法 第 3 部分：体积密度、真密度、真气孔率、吸水率试验方法》(GB/T 9966.3—2001)、《天然饰面石材试验方法 第 1 部分：干燥、水饱和、冻融循环后压缩强度试验方法》(GB/T 9966.1—2001) 等有关现行行业标准的规定。

(7) 石板的表面处理方法，一般需要根据环境、用途来确定。

5.8.2 金属与石材幕墙工程施工要求

金属与石材幕墙的附件、构件的材料品种、规格、色泽、性能等均需要符合有关要求。安装金属与石材幕墙，一般是在主体工程验收后进行施工。

许多金属与石材幕墙工程会编制施工组织设计。编制施工组织设计往往包括施工进度、安全措施、测量方法、安装方法、安装顺序、验收检查等。

金属与石材幕墙的施工，还需要进行一些安装施工准备，例如包括预埋件、吊装构件等。

幕墙安装施工的一些规定见表5-21。

表5-21 幕墙安装施工的一些规定

项目	施 工 规 定
测量配合	幕墙安装施工测量要与主体结构的测量配合，当有误差时应做必要的调整
防腐措施	幕墙钢构件施焊后，其表面需要采取防腐措施
幕墙立柱的安装	（1）立柱安装标高偏差不大于3mm。 （2）立柱安装轴线前后偏差不大于2mm。 （3）立柱安装轴线左右偏差不大于3mm。 （4）同层立柱的最大标高偏差不大于5mm。 （5）相邻两根立柱安装标高偏差不大于3mm。 （6）相邻两根立柱的距离偏差不大于2mm
幕墙横梁的安装	（1）横梁两端的垫片、连接件安装在立柱的预定位置，并且安装要牢固，接缝要严密。 （2）相邻两根横梁的水平标高偏差不大于1mm。 （3）当一幅幕墙宽度大于35m时，同层标高不大于7mm。 （4）当一幅幕墙宽度小于或等于35m时，同层标高偏差不大于5mm
金属板与石板的安装规定	（1）安装金属板、石板安装时，上下、左右的偏差不大于1.5mm。 （2）安装金属板、石板的空缝时，要有必要的防水措施与排水出口。 （3）对横连接件进行检查、测量、调整。 （4）对竖连接件进行检查、测量、调整。 （5）填充硅酮耐候密封胶时，金属板、石板缝的宽度与厚度要根据硅酮耐候密封胶的技术参数，经计算来确定

续表

项目	施工规定
接缝部位的雨水渗漏检验	幕墙安装过程中,一般要求进行接缝部位的雨水渗漏检验
验收的项目	(1) 立柱与横梁连接节点的安装、防腐的处理。 (2) 幕墙的保温安装。 (3) 幕墙的沉降缝的安装。 (4) 幕墙的防火安装。 (5) 幕墙的防震缝的安装。 (6) 幕墙的伸缩缝的安装。 (7) 幕墙的阴阳角的安装。 (8) 幕墙防雷节点的安装。 (9) 幕墙封口的安装。 (10) 主体结构与立柱连接节点的安装、防腐的处理
施工安全	(1) 安装幕墙用的吊篮在使用前,要进行严格检查,只有符合规定后才可以使用。 (2) 安装幕墙用的施工机具在使用前,要进行严格检查,只有符合规定后才可以使用。 (3) 不得在栏杆、窗台等地方放置施工的工具。 (4) 存在上下部交叉作业时,结构施工层下方要采取可靠的安全防护措施。 (5) 符合现行《建筑施工高处作业安全技术规范》(JGJ 80—2016)等要求。 (6) 施工脚手板上的废弃杂物要及时清理。 (7) 施工人员作业时必须戴安全帽。 (8) 施工人员作业时必须配备工具袋。 (9) 施工人员作业时必须系安全带。 (10) 现场焊接时,在焊接下方要设防火斗

幕墙的竖向、横向板材的组装允许偏差要求见表 5-22。

表 5-22　幕墙的竖向、横向板材的组装允许偏差要求

项目	尺寸范围/mm	允许偏差	检查方法
相邻两横向板材的间距尺寸	间距小于或等于 2000 时 间距大于 2000 时	±1.5mm ±2mm	钢卷尺

续表

项　目	尺寸范围/mm	允许偏差	检查方法
分格对角线差	对角线长小于或等于2000时 对角线长大于2000时	≤3mm ≤3.5mm	钢卷尺或伸缩尺
横向板材水平度	构件长小于或等于2000时	≤2mm	水平仪或水平尺
横向板材水平度	构件长大于2000时	≤3mm	水平仪或水平尺
竖向板材直线度	—	2.5mm	2.0m靠尺、钢板尺
石板下连接托板水平夹角允许向上倾斜，不准向下倾斜	—	+2° 0°	塞规
石板上连接托板水平夹角允许向下倾斜	—	0° −2°	—
相邻两竖向板材间距尺寸（固定端头）	—	±2mm	钢卷尺
两块相邻的石板、金属板	—	±1.5mm	靠尺
相邻两横向板材的水平标高差	—	≤2mm	钢板尺或水平仪

幕墙安装允许偏差要求见表5-23。

表5-23　　幕墙安装允许偏差要求

项　目	允许偏差/mm	检查方法
幕墙平面度	≤2.5	2m靠尺、钢板尺
竖缝直线度	≤2.5	2m靠尺、钢板尺
横缝直线度	≤2.5	2m靠尺、钢板尺
缝宽度（与设计值比较）	±2	卡尺
两相邻面板之间接缝高低差	≤1.0	深度尺
竖缝及墙面垂直度	$H \leq 30$	≤10	激光经纬仪或经纬仪
竖缝及墙面垂直度	$60 \leq H > 30$	≤15	激光经纬仪或经纬仪
竖缝及墙面垂直度	$90 \leq H > 60$	≤20	激光经纬仪或经纬仪
竖缝及墙面垂直度	$H > 90$	≤25	激光经纬仪或经纬仪

注　H为幕墙高度，单位为米（m）。

单元幕墙安装允许偏差要求见表 5-24。

表 5-24　　　　　单元幕墙安装允许偏差要求

项　目		允许偏差/mm	检查方法
相邻两组件面板表面高低差		≤1	深度尺
两组件对插件接缝搭接长度（与设计值比）		±1	卡尺
两组件对插件距槽底距离（与设计值比）		±1	卡尺
同层单元组件标高	宽度小于或等于35m	≤3	激光经纬仪或经纬仪

5.9　干挂饰面天然石材

5.9.1　石材干挂的概述

石材干挂又叫空挂。目前，一些高端墙面装饰中往往运用该施工工艺。石材干挂主要是在主体结构上设主要受力点，然后利用耐腐蚀的螺栓、耐腐蚀的柔性连接件，将大理石、花岗石、石灰石等饰面石材直接挂在建筑结构的外表面，形成石材装饰面。

石材干挂施工工艺，可以在地震力、风力等作用下允许产生适量的变位，从而吸收部分地震力、风力等，不致使石材出现脱落、裂纹等异常现象。

石材干挂施工工艺，工厂化施工程度高，一定程度上减轻了劳动强度，板材上墙后调整工作量也少，有利于工程的进度加快。石材干挂施工工艺，还可以有效地避免湿贴工艺引起的脱落、空鼓、开裂等异常现象，从而提高了建筑物的安全性、耐久性。石材干挂施工工艺，也避免湿贴工艺板面出现的变色、泛白等异常现象，从而有利于保持石材饰面的清洁。石材干挂施工工艺，板材间是独立安装、独立受力、独立更换，以及有利于保证石材饰面的表面平整度要求。

石材干挂时，注意材料、配件的选择：

（1）不锈钢干挂件的选择。不锈钢干挂件受力托板厚度一般要大于或等于4mm，截面一般要验算确定。

（2）干挂胶的选择。符合《建筑用硅酮结构密封胶》（GB 16776—2005）、《硅酮和改性硅酮建筑密封胶》（GB/T 14683—2017）等有关标准要求。干挂胶可以选择中性硅酮耐候密封胶、AB胶等。填缝胶可以选择石材专用胶黏剂。

（3）钢材的选择。符合《不锈钢冷轧钢板和钢带》（GB/T 3280—2015）、《不锈钢热轧钢板和钢带》（GB/T 4237—2015）等有关标准要求。

（4）石材的选择。表面平整、颜色一致、质地密实。符合《天然花岗石建筑板材》（GB/T 18601—2009）、《天然大理石建筑板材》（GB/T 19766—2016）等有关标准要求，板材的尺寸允许偏差达到要求。

（5）型钢的选择。符合《碳素结构钢》（GB/T 710—2006）等有关标准要求。有的设计无明确说明，则钢材可以选择采用Q235碳素钢。不锈钢螺栓需要配置弹簧垫片。

石材干挂常用的材料与工具：连接铁件、连接不锈钢针、膨胀螺栓、铁垫板、垫圈、螺帽、手电钻、电锤、型材切割机、电动锯、自攻螺钉钻、钢卷尺、塞尺、游标卡尺、水平靠尺、方尺等。

5.9.2　干挂饰面天然石材安装孔加工尺寸与参考允许偏差

干挂饰面天然石材安装孔加工尺寸与参考允许偏差见表5-25。

5.9.3　干挂石材安装通槽（短平槽、弧形短槽）、短槽和碟形背卡槽加工尺寸与允许偏差

干挂石材安装通槽（短平槽、弧形短槽）、短槽和碟形背卡槽尺寸与允许偏差见表5-26。

表 5-25　干挂饰面天然石材安装孔加工尺寸与参考允许偏差　（单位：mm）

固定形式	孔径		孔中心线到板边的距离	孔底到板面保留厚度	
	孔类别	允许偏差		最小尺寸	偏差
背栓式	直径	+0.4 -0.2	最小 50	8.0	+0.1 -0.4
	扩孔	±0.3			
		+1.0 -0.3			

注　适用于石灰石、砂岩类干挂石材。

表 5-26　干挂石材安装通槽（短平槽、弧形短槽）、短槽和碟形背卡槽加工尺寸与允许偏差　（单位：mm）

项目	短槽		碟形背卡		通槽（短平槽、弧形短槽）	
	最小尺寸	允许偏差	最小尺寸	允许偏差	最小尺寸	允许偏差
槽宽度	7.0	±0.5	3.0	±0.5	7.0	±0.5
槽有效长度（短平槽槽底处）	100.0	±2.0	180.0	—	—	±2.0
槽深（槽角度）	—	矢高：20.0	45°	+5° 0	槽深：20.0	
槽任一端侧边到板外表面距离	8.0	±0.5	—	—	8.0	±0.5
槽任一端侧边到板内表面距离（含板厚偏差）	—	±1.5	—	—	—	±1.5
槽深度（有效长度内）	16.0	±1.5	垂直 10.0	+2.0 0	16.0	±1.5
背卡的两个斜槽石材表面保留宽度	—	—	31.0	±2.0	—	—
背卡的两个斜槽的槽底石材保留宽度	—	—	13.0	±2.0	—	—

续表

项目	短槽		碟形背卡		通槽（短平槽、弧形短槽）	
	最小尺寸	允许偏差	最小尺寸	允许偏差	最小尺寸	允许偏差
两（短平槽）槽中心线距离（背卡上下两组槽）	—	±2.0	—	±2.0	—	±2.0
槽外边到板端边距离（蝶形背卡外槽到与其平行板端边距离）	不小于板材厚度和85，不大于180	±2.0	50.0	±2.0	—	±2.0
内边到板端边距离	—	±3.0	—	—	—	±3.0

5.9.4 石材框架幕墙连接方式

幕墙石材的常用厚度一般为25～30mm，厚度最薄一般也要等于25mm。火烧石材的厚度一般要比抛光石材的厚度大约大3mm。

根据板块固定方式，石材幕墙连接方式分为钢销式连接、短槽式连接、通槽式连接、背栓式连接等。

石材框架幕墙连接方式图例如图5-52所示。

1. 钢销式连接

钢销式连接，属于石材干挂技术第一代产品。该连接简便，板面局部受力，板块抗变形能力差，板块破损后不宜更换。钢销式连接如图5-53所示。

2. 短槽式连接

石材框架幕墙短槽式连接如图5-54所示。短槽式连接是指在石板的上下端面铣成或者开半圆槽口，或者短平槽，然后采用T形挂件或者蝶形挂件固定（图5-55）。短槽式连接具有较易吸收变形、板块破损后不宜更换等特点。短槽式连接采用的挂件，有不锈钢挂件、铝合金挂件等种类。

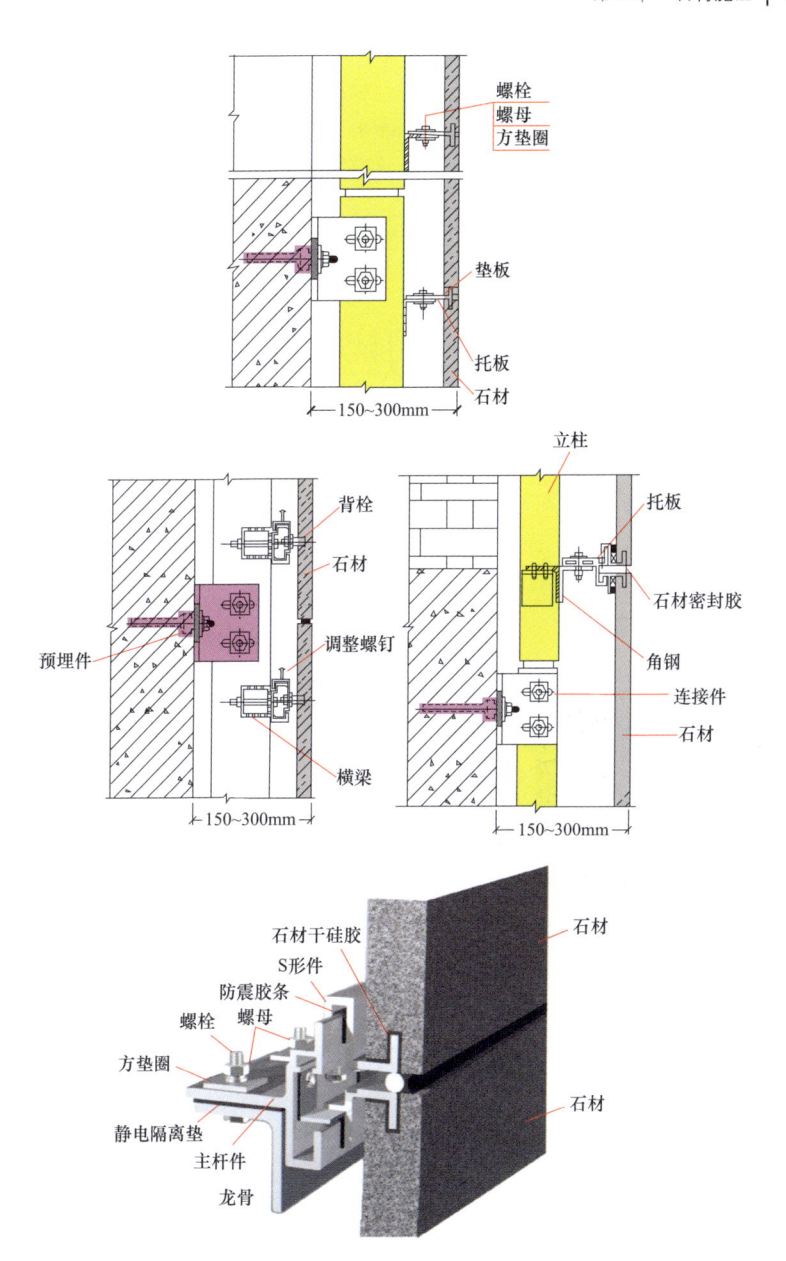

图 5-52 石材框架幕墙连接方式图例（一）

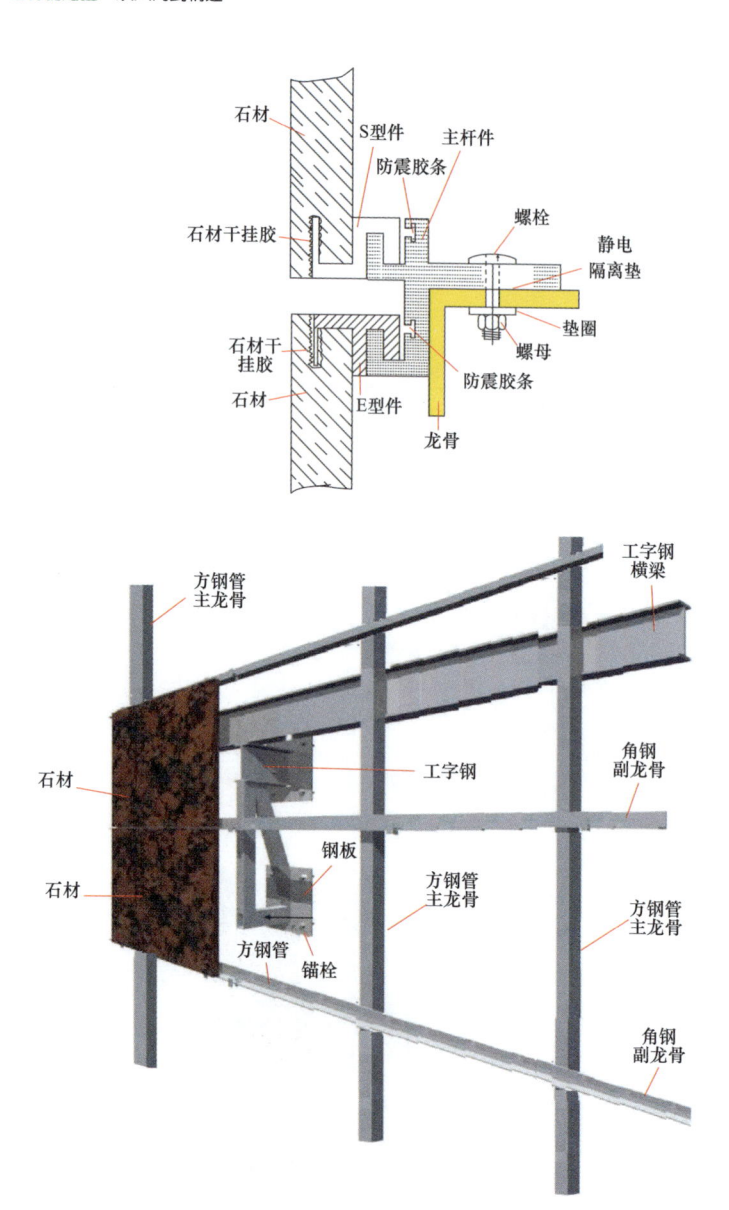

图 5-52 石材框架幕墙连接方式图例（二）

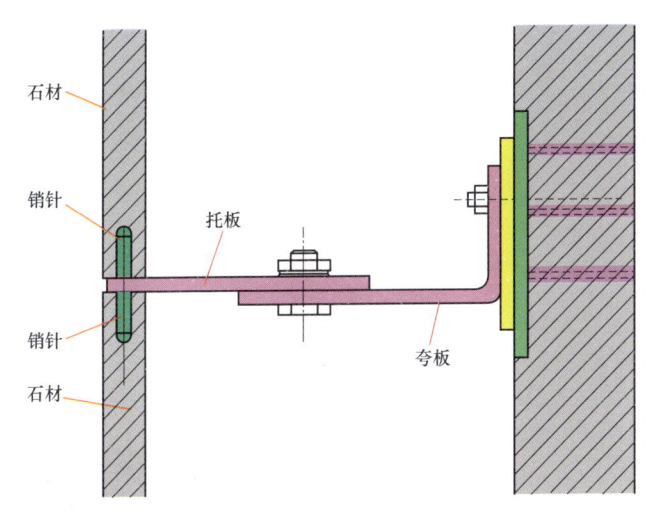

图 5-53 钢销式连接

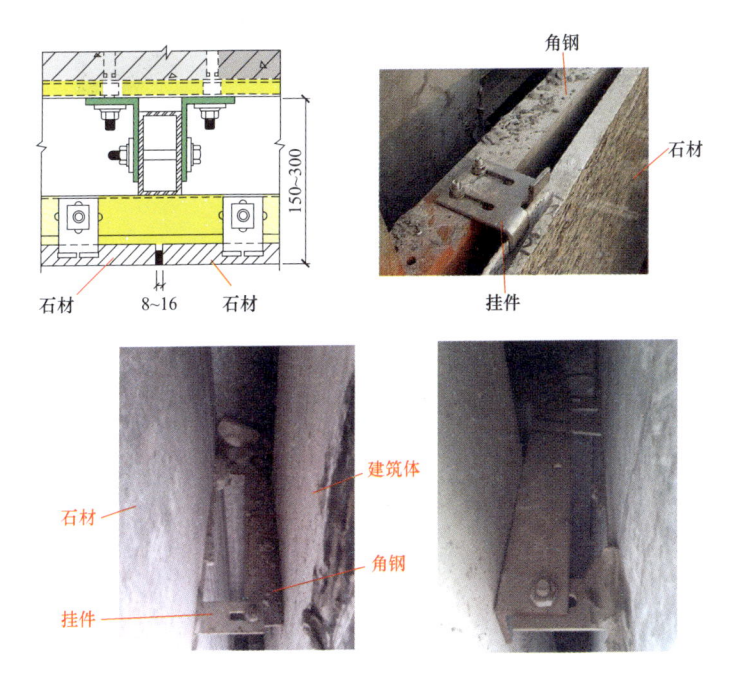

图 5-54 短槽式连接（一）

螺栓螺母
建筑体
挂件
角钢
石材
胶

短槽式连接

短平槽长度不小于100mm；
有效长度内槽深度不宜小于15mm；
开槽宽度宜为6～8mm；
挂件厚度大于3mm

图 5-54　短槽式连接（二）

第 5 章 石材施工 | 183

图 5-54 短槽式连接（三）

石材蝶形挂件

T形挂件

图 5-55 T形挂件或者蝶形挂件

短槽式连接又分为单肢短槽干挂法、双肢短槽式干挂法。其中，单肢短槽干挂法是将相邻的两块石材面板共同固定在 T 形卡条上，然后 T 形卡条再与骨架固定即可。双肢短槽式干挂法是在单肢短槽的基础上改进的，其是将相邻的两块石材面板共同固定在"干"形卡条上。

开槽式连接的石材幕墙有以下不足：

（1）板材的受力方式为点承重，相对而言抗震性能差。

（2）保温需要单独安装。

（3）开槽，对于石材厚度有要求，一般要求石材厚度不小于 25mm。

（4）开槽时容易发生崩边，因此，人工操作需要谨慎。

（5）开槽式连接石材幕墙，一般要安装钢龙骨，加大了建筑物的承重。

干挂的石材开槽口后，石材净厚度一般不得小于 6mm。上好挂件后，调整好石材水平度、平面度，在石材槽内注满石材胶黏剂（上胶固定）。为便于防水胶的填充与调整需求，可在石板下段垫好垫片。

石材干挂安装由下向上逐层施工，第一层石材下面需要用厚木板，或者其他相关材料做临时支架，以免离石材表面近损坏石材。

开槽要求图例如图 5-56 所示。

3. 通槽式连接

通槽式连接原理与单肢短槽式连接基本类似，只是通槽式连接采用的是通长卡条，也就是石材上下开通槽。

通槽式结构连接，相比短槽式结构连接，可以有效提高系统安全性、强度性，以及具有拼缝整齐、幕墙表面平整等特点。

4. 背栓式连接

背栓式连接就是在石材背部打孔，然后用锚栓金属连接件与墙体上龙骨进行连接的一种施工工艺。

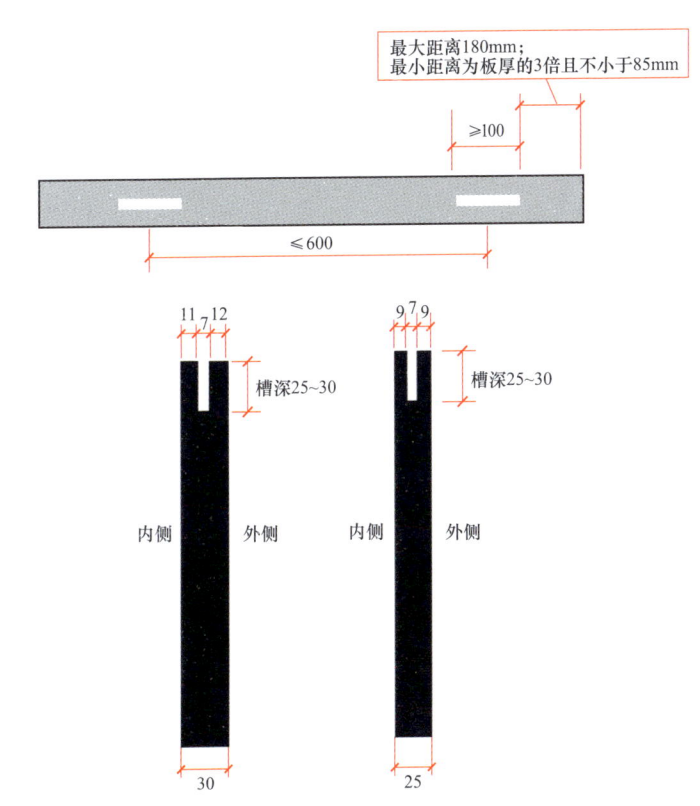

图 5-56 开槽要求图例（尺寸单位：mm）

背栓式锚栓有齐平式锚栓、间距式锚栓等种类。

（1）齐平式锚栓。齐平式锚栓如图 5-57 所示。齐平式锚栓特点如下：

1）锚栓的锚固深度是一个固定值。采用齐平式锚栓不能够消除石材加工厚度误差。

2）采用齐平式锚栓，往往需要其支撑龙骨体允许有一定的方向调节量。

3）齐平式锚栓主要用于转角板、柱面、石材幕墙的安装，以及其他硬质、软质石材的安装。

（2）间距式锚栓。间距式锚栓如图 5-58 所示，间距式锚栓特点如下：

1）可以通过调整钻孔机器使每块石材保留的厚度为一个固定值。

2）采用间距式锚栓可以消除一定石材的厚度误差。

3）间距式锚栓可以用于有石材加工厚度误差的石材幕墙的大面积的安装。

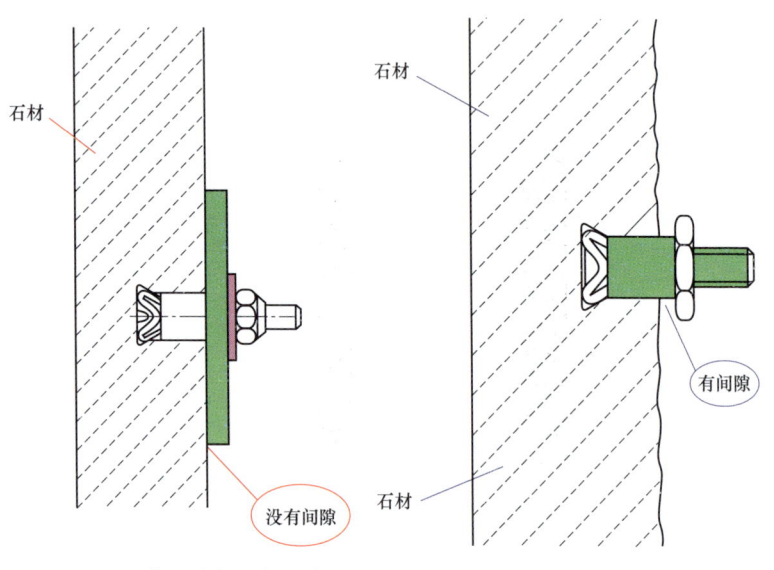

图 5-57　齐平式锚栓与要求　　　　图 5-58　间距式锚栓

背栓式连接如图 5-59 所示。背栓式连接有以下不足：

（1）保温单独安装，存在交叉施工。

（2）相比而言，安全隐患大。

（3）需要安装钢龙骨，加大了建筑物的承重。

（4）板材的受力方式为点承重，具有安全系数低等特点。

5. 小单元式干挂法

小单元式干挂法就是由金属副框、各种单块板材采用金属挂钩与立柱、横梁连接的可拆装的建筑幕墙进行的。石材框架幕墙单元式干挂法如图 5-60 所示。

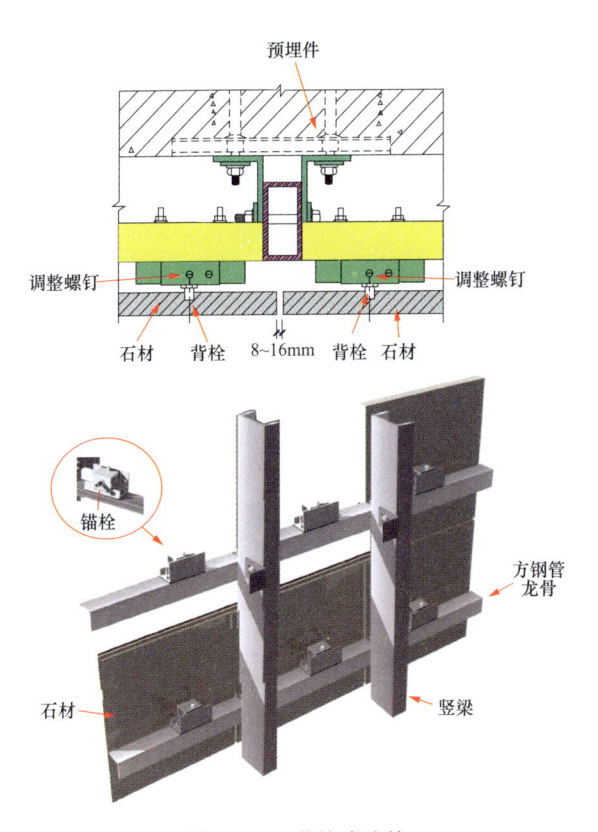

图 5-59 背栓式连接

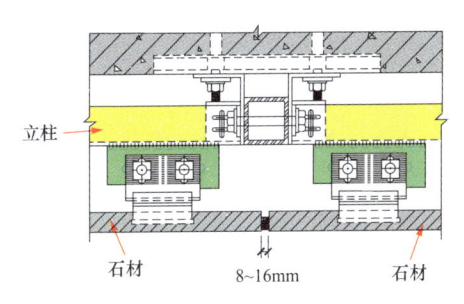

图 5-60 石材框架幕墙单元式干挂法

6. 石材框架幕墙下封底连接

石材幕墙主要是由石材面板、横撑、预埋件、挂件、立柱、连接件、石材拼缝嵌胶等组成。

立柱、横撑属于石材幕墙骨架。石材幕墙骨架材料可以铝合金型材、型钢等。石材幕墙骨架的型号、规格往往需要计算，以及考虑有关规范、标准等要求。石材幕墙的骨架主要承担荷载等工作。

石材框架幕墙下封底连接如图5-61所示。

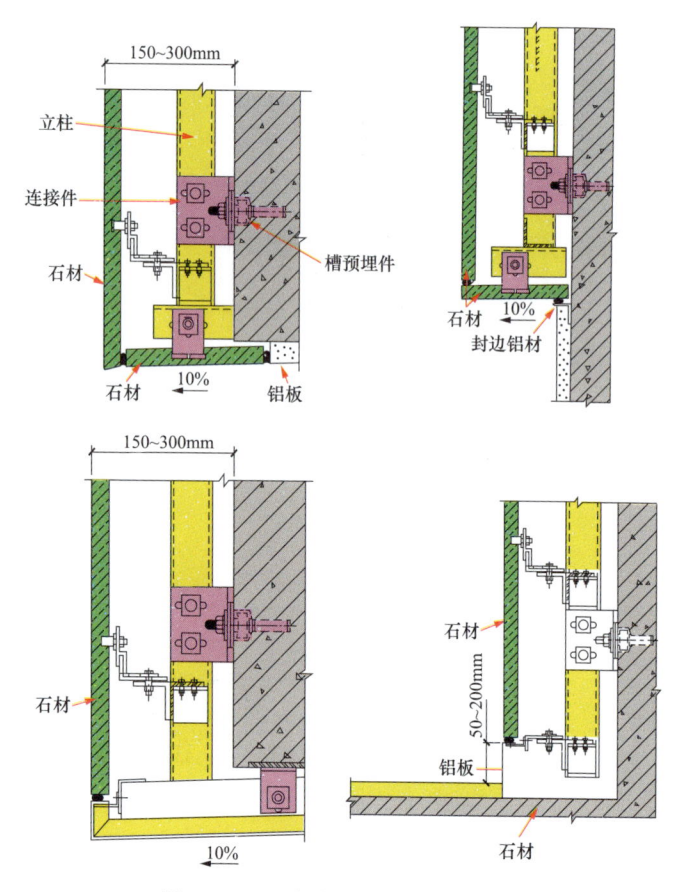

图5-61 石材框架幕墙下封底连接

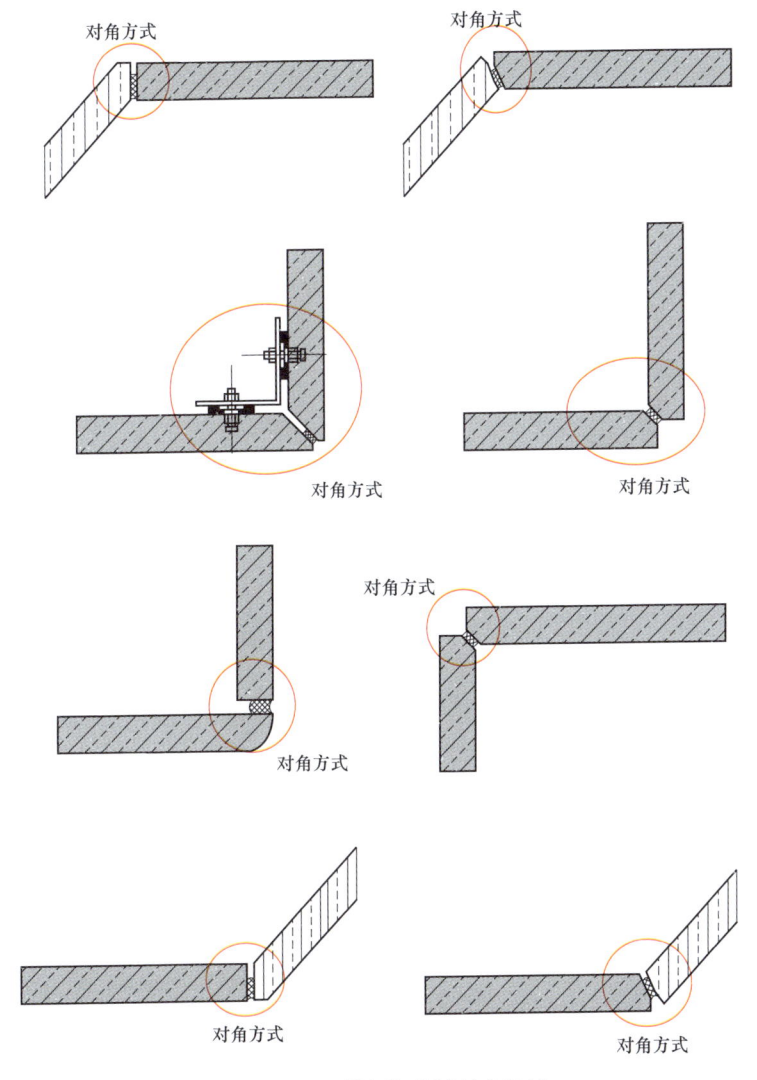

7. 石材框架幕墙转角连接

石材框架幕墙转角连接如图 5-62 所示。石材框架幕墙转角连接式结构图例如图 5-63 所示。

图 5-62 石材框架幕墙转角连接

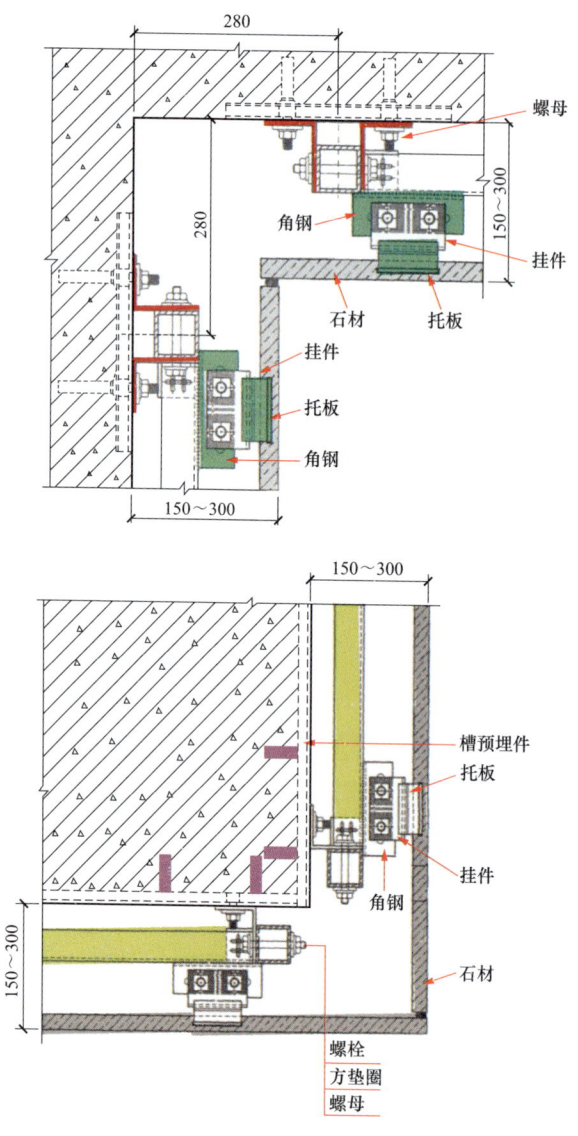

图 5-63　石材框架幕墙转角连接式结构图例（尺寸单位：mm）

石材阳角收口施工工艺如下：

(1) 45°留槽拼接。也就是在墙面石材交接处设置 5mm×

5mm裁口，石材安装完成后形成工艺槽。

（2）切45°角直接拼接。也就是在墙面石材相接地方的两块石材做斜切成45°角，然后拼接形成工艺缝，再用云石胶填补。这样可以有效隐藏石材厚度，提升美观。

（3）倒角拼接。也就是在墙面石材交接地方的正面采用5mm×5mm的45°倒角，然后在石材与吊顶面形成5mm边缝，这样可以有效隐藏交接面的缺陷、有效隐藏石材的爆边。

石材转角连接实际场景如图5-64所示。

图5-64 石材转角连接实际场景

8. 石材框架幕墙伸缩缝连接

石材框架幕墙伸缩缝连接如图5-65所示。

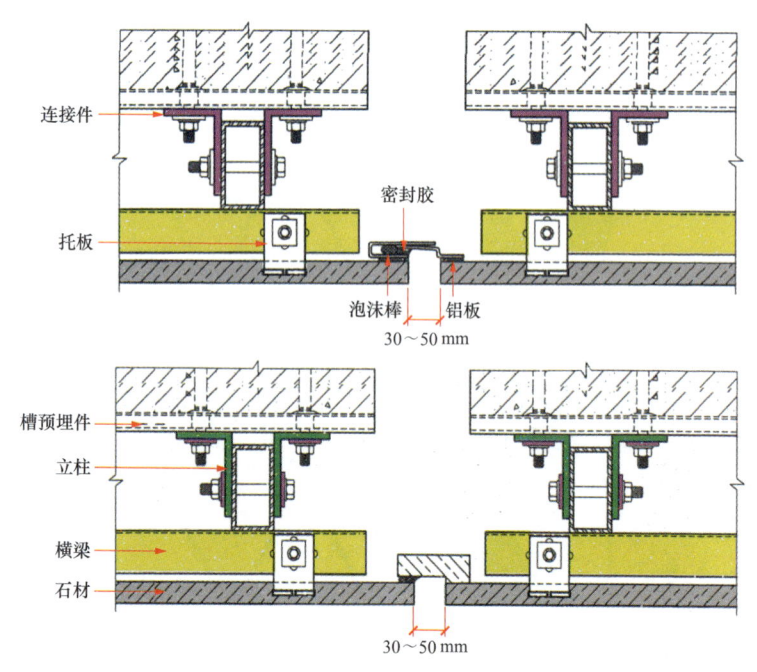

图 5-65 石材框架幕墙伸缩缝连接

9. 石材框架幕墙主体结构（节点）连接

石材框架幕墙主体结构（节点）连接如图 5-66 所示。

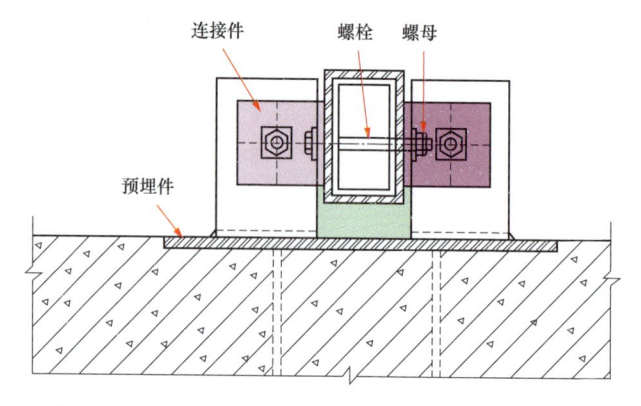

图 5-66 石材框架幕墙主体结构（节点）连接（一）

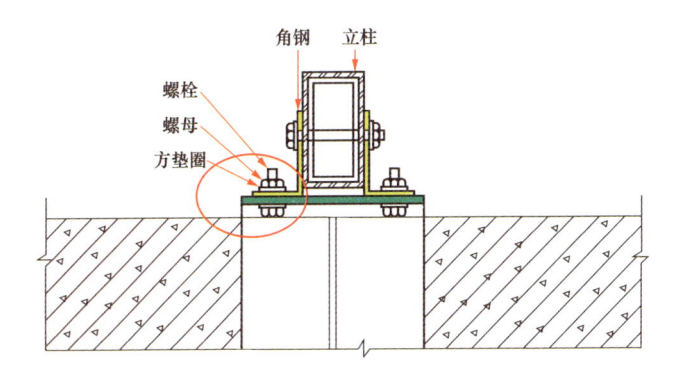

图 5-66　石材框架幕墙主体结构（节点）连接（二）

10. 石材框架幕墙凹接开启部位（节点）连接

石材框架幕墙凹接开启部位（节点）连接如图 5-67 所示。

5.9.5　干挂石材的主要步骤

干挂石材的主要步骤如下：

（1）熟悉有关图纸、要求，对于一些重要的细节需要提前了解、掌握，也就是对石材有关图纸进行深化。

图纸的确认——可以用于放线、确定钢架型材基层的焊接制作等作用。

现场标高的确认——可以用于确定石材干挂有关尺寸的等作用。

墙面与墙面造型的确认——可以用于确定石材的干挂要求、方式、节点要求等作用。

机电综合点位图纸的确认——可以用于确定墙面石材上开关、插座等有关机电的定位作用。

地面、墙面收口节点的确认——可以用于确定最下面一排石材的封口方式与处理要求。

不同材料工艺节点的确认——可以用于确定石材收口方法与要求等作用。

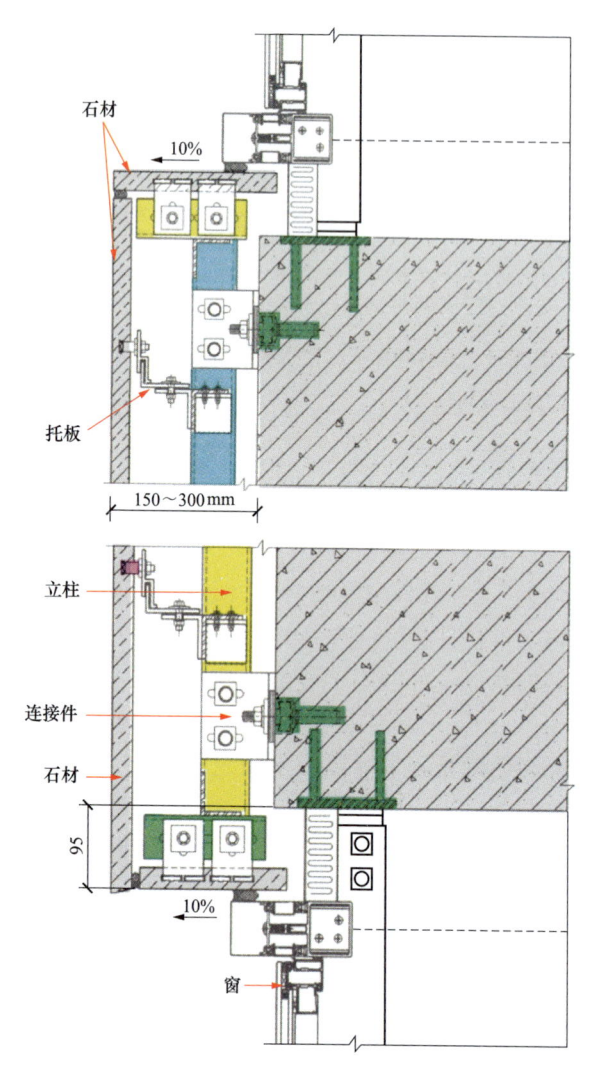

图 5-67 石材框架幕墙凹接开启部位（节点）连接

其他的确认——核对土建门窗洞的尺寸与位置、明确埋件、明确主龙骨、明确次龙骨、明确钢架的规格尺寸与间距、石材分缝拼法、防护剂的施工要求、开槽施工要求等。

（2）对于施工条件、施工环境的确认。一般而言，室内外温度5～35℃可以满足项目对于温度的要求。如果室内外温度过高或者过低，则可能需要采取必要的措施或者更改施工时间。施工前，应确定有关隐蔽工程、配套工程、试验工作、验收工作、工序交接条件、机电设备安装等是否完成，并且达到要求，可以进行后续的石材干挂施工。石材干挂涉及的人员、工具、设施设备以及其他准备工作是否到位。

（3）检查现场。施工前，应对现场进行检查，检查有关安全措施是否到位，以及检查现场的施工材料、石材规格品种、石材颜色、石材编号尺寸、工艺流程。

施工的石材编号尺寸必须准确，石材不得掉角崩边。严格根据设计、图纸排版。石材干挂需要进行试块预排放样的，必须遵守试块预排放样结果出来后经认可才施工。

石材排版时记号，有的粘贴在石材的表面，有的粘贴在石材的侧面。另外，化学铆栓需进行拉拔试验后才能够使用。

检查现场，还应对有关测设轴线控制网、测量点等检查或者核实。

（4）放线。在建筑完成面上，按有关设计、图纸等要求，根据需要划上（或者弹上）垂直通线、水平通线、定位线、安装距离线、分格尺寸线、左右跨度线等。

放线后可以用红漆喷射标记防止放线痕迹脱落。

（5）挂骨架。干挂石材的骨架一般采用钢骨架。先固定槽钢，再固定槽钢的角码（角钢）（图5-68）然后连接槽钢的伸缩节板。

有的骨架基层，需要做敲渣防锈处理。焊接部位往往要做2次防锈处理。

图 5-68 挂好的骨架

（6）干挂石材。干挂石材如图 5-69 所示。该步骤具体操作时与采用的方法有关，不同的方法具体操作时有差异。

图 5-69　干挂石材

（7）石材挂完后，可以塞泡沫棒，如图 5-70 所示。塞泡沫棒，主要用于缝隙大的石材。轻型小面积的石材缝隙小，无须塞泡沫棒，如图 5-71 所示。

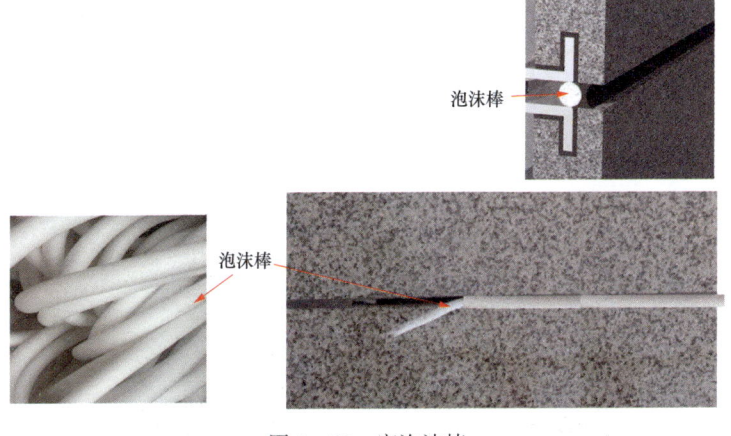

图 5-70　塞泡沫棒

（8）石材干挂完后，需要打耐候胶，如图 5-72 所示。

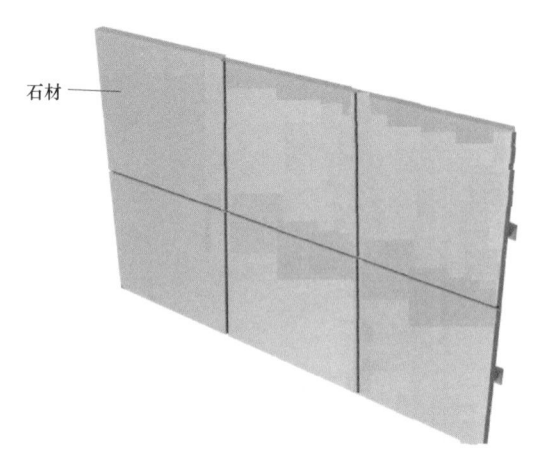

图 5-71　轻型小面积石材

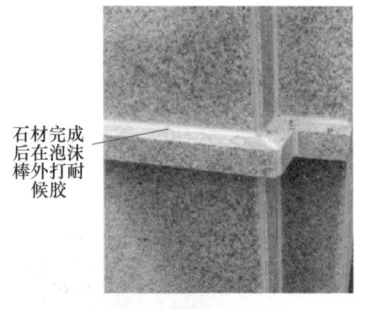

图 5-72　打耐候胶

（9）石材干挂完后或者干挂过程中，需要进行必要的自检自纠、他检。有的项目是在干挂后，有的项目是在干挂过程中检查。涉及的项目，包括主控项目、一般项目，具体见表5-27。

表5-27　　　　　　　　检 查 项 目

类　型	项　目	要　　求
一般项目	饰面材料	饰面材料表面洁净、色泽一致、无翘曲、无裂缝、无缺损
一般项目	饰面板上的设备	饰面板上的烟感器、喷淋头、灯具、开关、插座风口等设备位置合理、美观。饰面板上的设备与饰面面板的交接严密、吻合
一般项目	表面	表面平整
一般项目	接缝、角缝	接缝均匀一致，角缝吻合
一般项目	墙面内填充吸声材料	墙面内填充吸声材料品种、铺设厚度要符合有关要求，以及具有防散落措施
允许偏差项目	光面石材表面平整度	石材板材表面平整度允许偏差±1mm
允许偏差项目	石材板材接缝直线度	石材板材接缝直线度允许偏差±2mm
允许偏差项目	石材板材接缝高低差	石材板材接缝高低差允许偏差±0.3mm
允许偏差项目	阳角方正度	阳角方正度允许偏差±2mm
主控项目	墙面尺寸	符合设计要求
主控项目	墙面起拱	符合设计要求
主控项目	墙面造型	符合设计要求
主控项目	饰面材料材质	符合设计要求
主控项目	饰面材料品种	符合设计要求
主控项目	饰面材料规格	符合设计要求
主控项目	饰面材料图案	符合设计要求
主控项目	饰面材料颜色	符合设计要求
主控项目	钢架结构挂件	安装必须牢固

续表

类型	项目	要求
主控项目	钢架结构饰面材料	安装必须牢固
主控项目	型材	必须用镀锌型材
主控项目	焊点	刷防锈漆处理
主控项目	所有不锈钢螺栓	若设计无说明，均需配置弹簧垫片
主控项目	焊缝	焊缝焊接设计未注明，则焊缝采用标准三级焊缝，并且满焊、焊缝高6mm。镀锌钢材间焊接搭接的地方还需打磨，以及除去镀锌层

5.10 其他

5.10.1 混凝土空心砌块专用尼龙锚栓的安装

混凝土空心砌块专用尼龙锚栓的安装图例如图5-73所示。

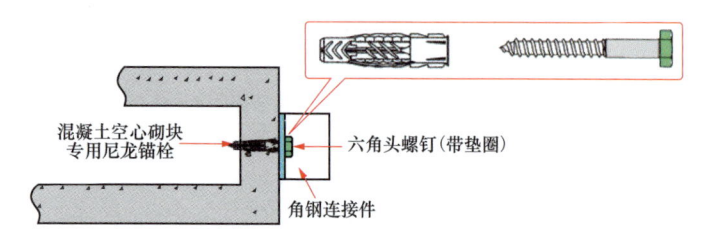

图5-73 混凝土空心砌块专用尼龙锚栓的安装图例

5.10.2 蒸压加气混凝土专用尼龙锚栓的安装

蒸压加气混凝土专用尼龙锚栓的安装图例如图5-74所示。

5.10.3 石台阶的施工与安装

一些石台阶的施工图解如图5-75所示。

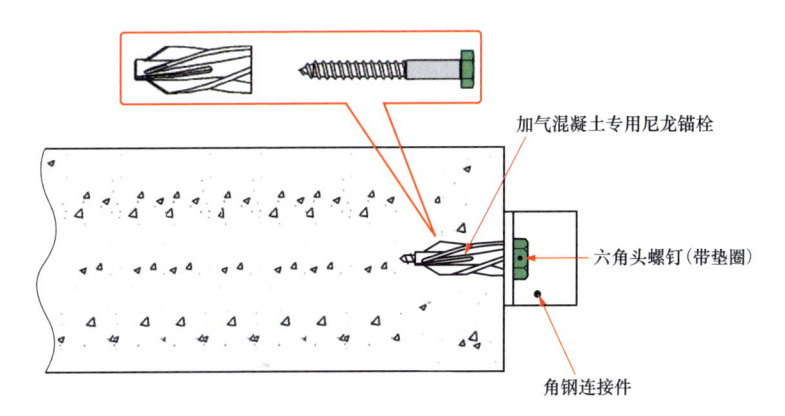

图 5-74 蒸压加气混凝土专用尼龙锚栓的安装图例

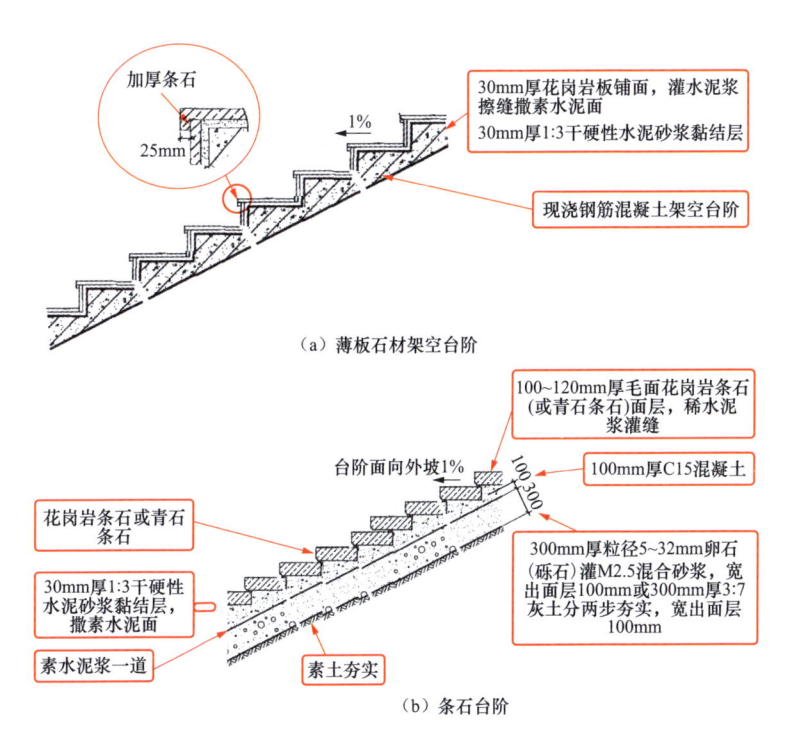

（a）薄板石材架空台阶

（b）条石台阶

图 5-75 一些石台阶的施工图解

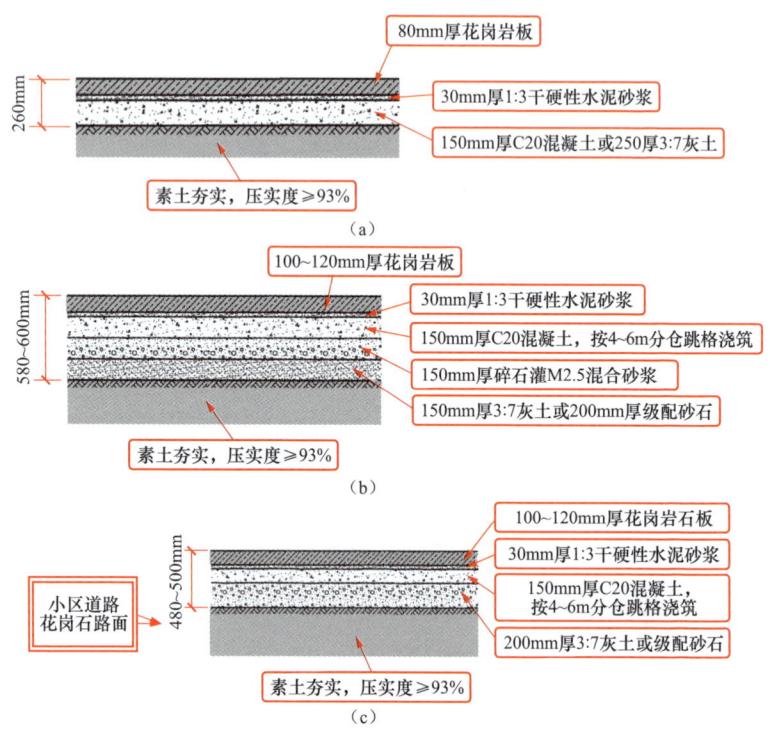

5.10.4 小区花岗石路面的施工

小区花岗石路面的施工如图 5-76 所示。

图 5-76 小区花岗石路面的施工

5.10.5 广场铺装的施工

(1) 广场铺装施工，需要根据设计等有关要求进行。选择的广场石尺寸偏差符合有关要求，具体见表 5-28。

(2) 广场铺装面层的基层与地基施工需要符合设计等有关要求。

(3) 根据工程特点，确定格网控制高程。例如有项目采用 10m×10m 方格网控制广场施工高程。

(4) 广场铺装，可以采用预制混凝土人行道砖、沥青混合料铺装、现浇混凝土铺装、料石铺装等多种类型。根据设计等有关要求采用的类型进行施工,并且符合施工类型的规程规定、质量要求。

表5-28　　　　　广场石尺寸偏差要求

项　目			技术要求/mm	
			A级	B级
平面度公差	长度≤500mm	细面或精细面	2	3
		粗面	4	5
	长度＞500mm 且≤1000mm	细面或精细面	3	4
		粗面	5	6
	长度＞1000mm	细面或精细面	4	6
		粗面	6	8
对角线差	＜700mm		3	5
	≥700mm		5	8
长度、宽度偏差	≤700mm		±1	±2
	＞700mm		±3	±5
端面为劈裂面时边长偏差			±5	±8
厚度偏差	≤60mm		±3	±4
	＞60mm		±4	±5

（5）采用预制混凝土人行道砖进行广场施工时,铺砌要平整稳固、灌缝要饱满、面层与其他构筑物要接顺等要求。混凝土人行道砖广场质量要求、允许偏差见表5-29。

表5-29　混凝土人行道砖广场质量要求、允许偏差

项目名称	质量要求、允许偏差	检验范围	检验点数	检　验　方　法
井框与面层高差/mm	≤5	每座	1	可以用直尺、塞尺取较大值

续表

项目名称		质量要求、允许偏差	检验范围	检验点数	检验方法
测高程/mm		—	—	—	可以用方格网
平整度/mm		≤5	20m	1	可以用3m直尺、塞尺量取较大值
相邻块高差/mm		≤2	20m	1	可以用尺量取较大值
横坡		设计坡度±0.3%	20m	1	可以用水准仪具量测
纵缝直顺/mm		≤10	40m	1	可以拉20mm小线量取较大值
横缝直顺/mm		≤10	20m	1	可以沿路宽拉小线量取较大值
缝宽	大方砖	≤3	20m	1	可以用尺量较大值
	小方砖	≤2	20m	1	可以用尺量较大值
压实度	路床	≥90%	100m	2	可以用环刀法、灌砂法检验
	基层	≥95%			

广场铺装实例如图5-77所示。

图5-77 广场铺装实例

5.10.6 路侧带的布置

城市道路侧带布置往往包括人行道（步道）、树池边框、盲道等。一些城市道路侧带布置图例如图5-78所示。

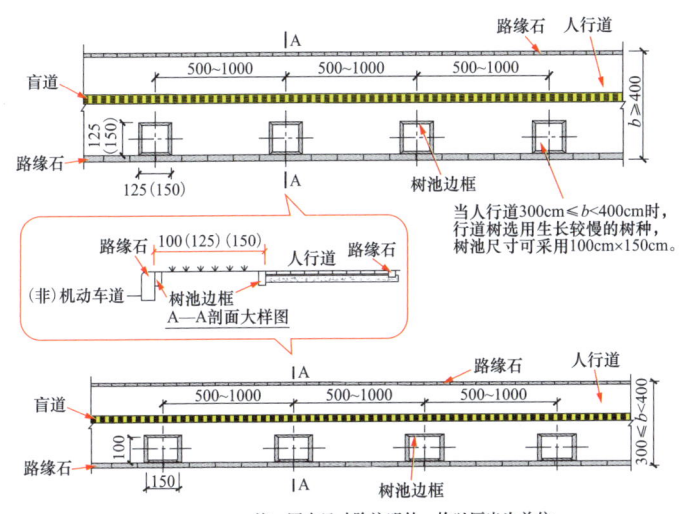

注：图中尺寸除注明外，均以厘米为单位。
本图适用于车行道较宽，机动车道不需拓宽的道路。

(a) 布置图例 1

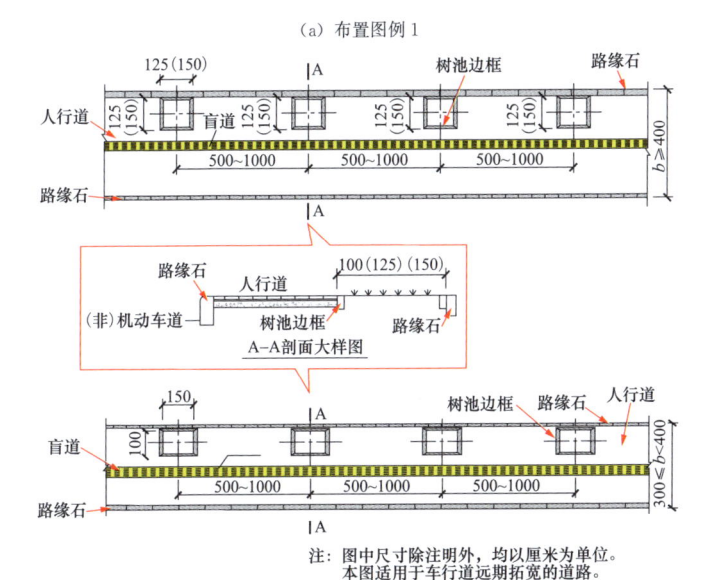

注：图中尺寸除注明外，均以厘米为单位。
本图适用于车行道远期拓宽的道路。

(b) 布置图例 2

图 5-78　一些城市道路侧带布置图例（一）

图 5-78 一些城市道路侧带布置图例（二）

其他城市道路侧带布置图示如图 5-79 所示。

（a）与道路配合设置的人行道断面　　（b）与道路配合设置的人行道断面

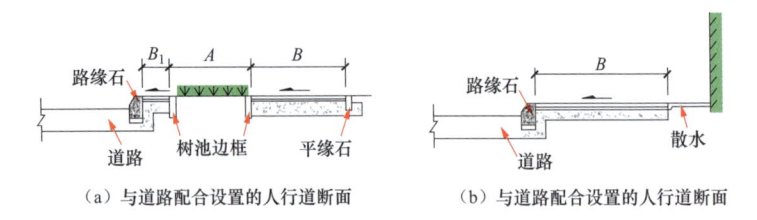

图 5-79 其他城市道路侧带布置图示（一）

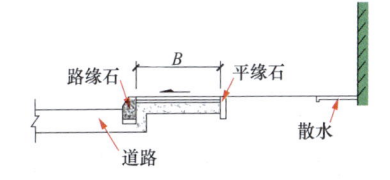

(c) 与道路配合设置的人行道断面

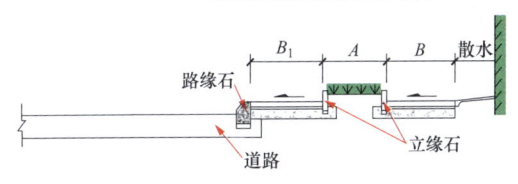

(d) 与道路配合设置的人行道断面

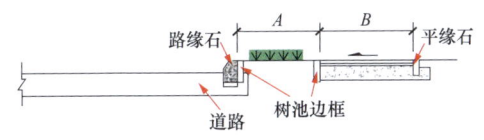

(e) 与道路配合设置的人行道断面

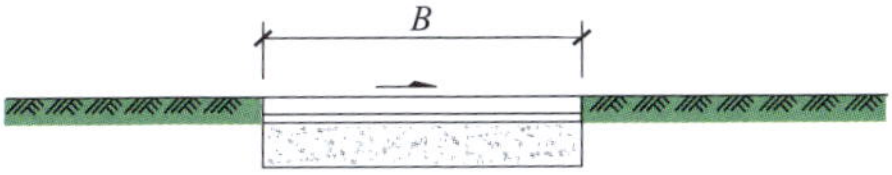

(f) 单独设置的人行道断面

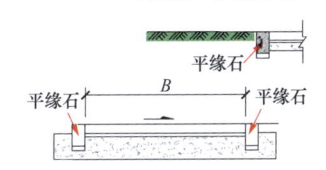

(g) 单独设置的人行道断面

图 5-79 其他城市道路侧带布置图示（二）

A——绿化带宽度；
B 与 B_1——人行道宽度

第6章 石材的验收、检验与清洗、维护

6.1 石材的验收

6.1.1 检验批的划分

某项目检验批划分（供参考）见表6-1。

表6-1 某项目检验批划分（供参考）

项目	划 分 原 则
地面工程	（1）高层建筑的标准层，不足3层根据3层计。 （2）高层建筑的标准层，可以根据每3层作为一个检验批。 （3）相同设计、相同材料、相同工艺、相同施工条件的室内地面工程，走廊、过道可以以10延米为1间。礼堂、门厅、大面积房间，可以根据施工面积30m² 为一间，或者以两个轴线为1间。 （4）相同设计、相同材料、相同工艺、相同施工条件的室内地面工程的基层（各构造层）、面层，不足50间的每一层或每层施工段划为一个检验批。 （5）相同设计、相同材料、相同工艺、相同施工条件的室内地面工程的基层（各构造层）、面层，可以每一层或每层施工段每50间划分为一个检验批
墙面、柱面工程	（1）大面积房间、走廊，可以根据施工面积30m² 计一间。 （2）相同材料、相同工艺、相同施工条件的室内墙柱面工程，不足50间划分为一个检验批。 （3）相同材料、相同工艺、相同施工条件的室内墙柱面工程，可以每50间划分为一个检验批。 （4）相同材料、相同工艺、相同施工条件的室内挑空大堂墙柱面工程，不足1000m² 划分为一个检验批。 （5）相同材料、相同工艺、相同施工条件的室内挑空大堂墙柱面工程，可以每1000m² 划分为一个检验批

续表

项目	划 分 原 则
石材护理工程	（1）特殊规定的检验批的划分，可以根据工艺特点、规模等划为检验批。 （2）相同石材护理工程，不足 1000m² 也划为一个检验批。 （3）相同石材护理工程，可以根据每 1000m² 划为一个检验批
石材铝蜂窝板吊顶工程	（1）同一品种的吊顶工程，不足 50 间也划分为一个检验批。 （2）同一品种的吊顶工程，可以每 50 间划分为一个检验批。 （3）异型、有特殊要求的吊顶工程，根据吊顶的结构、工艺特点、工程规模来确定划分检验批。 （4）同一品种的吊顶工程，大面积房间、走廊根据施工面积 30m² 计一间

6.1.2　石材工程检查数量的确定

石材工程检查数量规定见表 6-2。

表 6-2　　　　　石材工程检查数量规定

项目	检 查 数 量 规 定
墙面、柱面工程	（1）每个检验批不足 3 间时，要全数检查。 （2）每个检验批至少要抽查 10%，并且不得少于 3 间。 （3）挑空大堂每个检验批每 100m² 至少抽查一处，并且每处不小于 10m²
石材铝蜂窝板吊顶工程	（1）每个检验批至少抽查 10%，并且不少于 3 间。 （2）每个检验批不足 3 间时，要全数检查
地面工程	（1）每个检验批不足 3 间时，要全数检查。 （2）每个检验批至少要抽查 10%，并且不得少于 3 间。 （3）面层材料不同的小面积地面工程，可以根据基层结构、工艺特点等来确定。 （4）异型地面可以根据基层结构、工艺特点等来确定。 （5）有防水要求的地面，抽查数量可以根据其房间总数随机检验，并且不少于 4 间。 （6）有防水要求的地面不足 4 间时，要全数检查

续表

项目	检查数量规定
石材整体研磨、晶硬工程	（1）公共卫生间、电梯厅可以参照大堂的检测方法，并且每间不少于5个检测点。 （2）每个检验批不足50m²，要全数检查。 （3）每个检验批至少抽查10%，并且不少于50m²。 （4）异型地面的抽查数量，可以根据基层结构、工艺特点等来确定。 （5）走廊、大堂每半跨轴线距测为一点，每个点要检测纵横两个方向的平整度

6.1.3　石材工程的复验与验收

石材工程往往需要对一些材料的尺寸、性能进行复验，具体包括花岗石的放射性复验、人造石材的尺寸稳定性复验、石材铝蜂窝复合板的滚筒剥离强度复验、环氧胶黏剂浸水后的黏结强度复验、后置埋件的现场拉拔强度复验等。

石材工程的验收，往往包括与设计要求比较验收、符合有关现行标准比较验收、外观质量验收、要求性验收等。

石材面层板块的品种、石材面层板块的图案、石材面层板块的颜色、石材面层板块的光泽度、石材面层板块的规格、石材面层板块的花纹、石材面层板块的防滑、石板安装开孔和开槽的位置、石板安装开孔和开槽的数量、石板安装开孔和开槽的尺寸、主体结构上后置埋件的位置、主体结构上后置埋件的数量、主体结构上后置埋件的拉拔强度等需要符合设计要求。

石材的质量等级、石材的外观质量等需要符合现行有关标准的规定。

变形缝部位的处理、石材表面、胶黏剂的使用等往往需要符合其相关要求。

石材工程验收中还有一项隐蔽工程的验收，该项验收往往包括的项目有：变形缝构造节点、墙面转角构造节点、门窗洞口四周构造节点、防水层、预埋件、后置锚栓连接件、平台侧板（口）处构造节点、石材蜂窝复合板封边处理构造节点、干挂石材龙骨防腐处理、干挂石材龙骨焊接处理、石材铝蜂窝复合板吊顶工程的龙骨安装、室内干挂石材工程构件与主体结构的连接节点、石材铝蜂窝复合板吊顶工程的吊杆安装、石材铝蜂窝复合板吊顶工程的防腐处理等。

石材工程验收时常需要提交的资料见表 6-3。

表 6-3　　　石材工程验收时常需要提交的资料

项目	内　容
报告	(1) 后置埋件的现场拉拔强度检测报告。 (2) 花岗石放射性检测报告。 (3) 花岗石进场复试报告。 (4) 石材工程所用附件、紧固件性能检测报告。 (5) 石材工程所用各种材料性能检测报告。 (6) 石材工程所用构件、组件性能检测报告。 (7) 石材铝蜂窝复合板的剥离强度检测报告。 (8) 水泥进场复验报告。 (9) 天然石材物理性能检测报告。 (10) 预置单个异型螺母的抗拉极限承载能力试验报告。 (11) 黏结法用胶黏剂的浸水黏结强度报告。 (12) 黏结法用胶黏剂的污染性的复试报告
记录	(1) 石材工程所用附件、紧固件进场验收记录。 (2) 石材工程所用各种材料进场验收记录。 (3) 石材工程所用构件、组件进场验收记录。 (4) 隐蔽工程验收记录
证书	(1) 石材工程所用附件、紧固件合格证书。 (2) 石材工程所用各种材料合格证书。 (3) 石材工程所用构件、组件合格证书
图	(1) 石材工程竣工图。 (2) 石材工程设计图
书	(1) 计算书。 (2) 设计说明书
其他	(1) 其他设计文件。 (2) 其他质量保证资料

金属与石材幕墙工程验收时常见的需要提交的资料见表6-4。金属与石材幕墙工程的石材的验收包括观感检验、抽样检查等种类，具体的验收要求见表6-5。

表6-4　金属与石材幕墙工程验收时常见需要提交的资料

项目	内　　容
合格证书	(1) 材料合格证书。 (2) 构件合格证书。 (3) 零部件合格证书。 (4) 预制构件出厂质量合格证书
报告	(1) 硅酮结构胶相容性试验报告。 (2) 金属板材表面氟碳树脂涂层的物理性能试验报告。 (3) 幕墙物理性能检验报告。 (4) 石材的冻融性试验报告
文件	(1) 设计更改的文件。 (2) 相关文件。 (3) 隐蔽工程验收文件
其他	(1) 计算书。 (2) 其他质量保证资料。 (3) 设计图纸。 (4) 施工安装自检记录

表6-5　金属与石材幕墙工程的观感检验与抽样检查规定

类型	规　　定
幕墙工程观感检验	(1) 金属板材表面要平整。 (2) 铝合金板要无脱膜现象。 (3) 铝合金板要颜色均匀。 (4) 幕墙的表面要光滑没有污染。 (5) 幕墙的胶缝要横平竖直。 (6) 幕墙外露框要横平竖直。 (7) 幕墙外露框造型要符合要求。 (8) 伸缩缝、沉降缝、防震缝的处理要保持外观效果的一致性与相关要求性。 (9) 石材表面无斑痕裂缝、无缺角凹坑。

续表

类型	规　定
幕墙工程观感检验	(10) 石材花纹图案要符合要求。 (11) 石材色泽要同样板相符。 (12) 石材颜色要均匀
幕墙抽样检查	(1) 金属与石材幕墙的安装质量要达到有关规定。 (2) 每平方米金属板的表面质量要达到有关规定。 (3) 幕墙工程抽样检验数量要符合有关规定。 (4) 渗漏检验可以根据每 100m² 幕墙面积抽查一处。 (5) 一个分格铝合金型材表面质量要达到有关规定

6.2　石材工程的检验

6.2.1　墙面、柱面石材面板工程的检验

墙面、柱面石材面板工程的检验包括主控项目、一般项目的检验。不同类型的检验项目，具有相应的要求与检验方法，具体见表 6-6。

表 6-6　墙面、柱面石材面板工程的检验

类型	项　　目	检　验　法
一般项目	饰面板表面要洁净平整、色泽一致、无缺损	可以采用观察法
	饰面板接缝、纵横交缝、填缝剂的要求	可以采用观察法、尺量检查
	(1) 孔洞与设备末端交接要吻合严密。 (2) 饰面板上的孔洞套割尺寸等要求	可以采用观察法
	湿作业法施工，石材板要进行防碱封闭处理，以及表面要无水渍无泛碱等异常现象	(1) 可以采用观察法。 (2) 检查施工记录

续表

类型	项 目	检 验 法
一般项目	（1）变形缝所用材料、制作施工做法、性能要求。 （2）饰面与基层的黏结要牢固可靠。 （3）饰面与周边石材面板接缝要吻合平整、顺直均匀	（1）检查验收记录。 （2）检查隐蔽工程验收记录。 （3）检查施工记录。 （4）可以采用观察法、手扳检查
主控项目	材料的品种、材料的纹理、材料的颜色、材料的规格、材料的性能、材料的等级，均要符合设计、国家现行标准的规定与要求	（1）可以采用观察法。 （2）要检查合格证书、验收记录、相关报告
	（1）石材面板孔的数量/位置/尺寸，均要符合设计等有关要求。 （2）石材面板槽的数量/位置/尺寸，均要符合设计等有关要求	（1）检查施工记录 （2）检查验收记录
	（1）石材面板工程安装方式要符合设计等有关要求。 （2）预埋件数量/规格/位置/连接方法/防腐处理符合设计等有关要求。 （3）后置锚栓数量/规格/位置/连接方法/防腐处理符合设计等有关要求。 （4）连接件数量/规格/位置/连接方法/防腐处理符合设计等有关要求。 （5）后置埋件的现场拉拔强度符合设计等有关要求。 （6）饰面板安装要牢固可靠	（1）检查现场拉拔检验报告。 （2）检查验收记录。 （3）检查隐蔽工程验收记录。 （4）检查施工记录
	（1）干粘法、干挂法施工的石材面板，骨架制作、安装的要求。 （2）挂件与骨架连接的要求。 （3）面板固定的要求	（1）检查施工记录。 （2）检查验收记录。 （3）检查隐蔽工程验收记录
	（1）满粘法施工，石材面板与基体间的黏结料要饱满。 （2）石材面板黏结要牢固可靠	（1）检查施工记录。 （2）可以采用小锤轻击检查

饰面板安装参考允许偏差见表6-7。石材板安装的允许偏差见表6-8。

表6-7　　饰面板安装参考允许偏差

项目	人造石材 允许偏差/mm	天然石材 光面 允许偏差/mm	天然石材 粗面 允许偏差/mm	检验法
阴阳角方正	2	2	4	可以用直角检测尺检查
接缝直线度	1	1	4	可以拉5m线，不足5m拉通线可以用钢直尺检查
接缝高低差	1	0.5	3	可以用钢直尺和塞尺检查
接缝宽度与设计值差	1	1	2	可以用钢直尺检查
立面垂直度	2	2	3	可以用2m垂直检测尺检查
表面平整度	1	1	3	可以用2m靠尺和塞尺检查
墙裙上口直线度	1	1	3	可以拉5m线，不足5m拉通线可以用钢直尺检查

表6-8　　石材板安装的允许偏差

项目	光面允许偏差/mm	剁斧石允许偏差/mm	蘑菇石允许偏差/mm	检验或监察法
表面平整度	2	3	—	可以用2m靠尺、塞尺来检查或监察
接缝高低差	0.5	3	—	可以用直尺、塞尺来检查或监察
接缝宽度	1	2	2	可以用直尺来检查或监察
接缝直线度	2	4	4	可以拉5m线，不足5m拉通线，用直尺来检查或监察
立面垂直度	2	3	3	可以用2m垂直检测尺来检查或监察
墙裙、勒脚上口直线度	2	3	3	可以拉5m线，不足5m拉通线，用直尺来检查或监察
阴阳角方正	2	4	4	可以用直角检测尺来检查或监察

6.2.2 石材铝蜂窝复合板吊顶工程的检验

石材铝蜂窝复合板吊顶工程的检验包括主控项目、一般项目的检验。不同类型的检验项目,具有相应的要求与检验方法,具体见表6-9。

表6-9 石材铝蜂窝复合板吊顶工程的检验

类型	项 目	检 验 方 法
主控项目	石材铝蜂窝复合板吊顶工程的品种、纹理、颜色、规格、性能、等级等要求	(1) 检查复验报告。 (2) 检查合格证书。 (3) 检查性能检验报告。 (4) 检查验收记录。 (5) 可以采用观察法
	石材铝蜂窝复合板吊顶的尺寸、起拱、标高、造型的要求	(1) 可以采用尺量检查。 (2) 可以采用观察法
	(1) 吊杆与龙骨的安装要求。 (2) 金属吊杆与龙骨表面的防腐处理要求。 (3) 龙骨与吊杆的规格、材质、连接方式、安装间距的要求	(1) 检查合格证书。 (2) 检查验收记录。 (3) 检查隐蔽工程验收记录。 (4) 可以采用尺量检查。 (5) 可以采用观察法
	(1) 石材铝蜂窝复合板吊顶板安装的要求。 (2) 石材铝蜂窝复合板吊顶板防脱落措施的要求。 (3) 石材铝蜂窝复合板与龙骨搭接宽度一般要大于龙骨受力面宽度的2/3的要求	(1) 可以采用尺量检查。 (2) 可以采用观察法。 (3) 可以采用手扳检查
一般项目	(1) 石材铝蜂窝复合板表面的要求。 (2) 石材铝蜂窝复合板与龙骨的接触面的要求	(1) 可以采用尺量检查。 (2) 可以采用观察法
	石材铝蜂窝复合板上的灯具、喷淋头、风口箅子、烟感器、检修口等设备设施位置、美观、安装的要求	可以采用观察法

续表

类型	项 目	检 验 方 法
一般项目	金属龙骨的接缝的要求	可以采用观察法
	吊顶内填充吸声材料的品种、铺设厚度、防散落措施的要求	（1）可以采用检查隐蔽工程验收记录。 （2）检查施工记录
	（1）变形缝的制作、所用材料、施工做法、性能要求的要求。 （2）变形缝饰面与龙骨连接的要求。 （3）变形缝饰面与周边石材复合板的接缝的要求	（1）检查施工记录。 （2）检查验收记录。 （3）检查隐蔽工程验收记录。 （4）可以采用观察法。 （5）可以采用手扳检查

石材铝蜂窝复合板吊顶工程安装参考允许偏差见表6-10。石材吊顶工程安装的允许偏差见表6-11。

表6-10　石材铝蜂窝复合板吊顶工程安装参考允许偏差

项目	允许偏差/mm	检 验 方 法
接缝高低差	1	可以用钢直尺和塞尺检查
龙骨高差	1	可以水平尺检查同一部位的相邻龙骨水平高差
表面平整度	3	可以用2m靠尺和塞尺检查
接缝直线度	3	可以拉5m线，不足5m拉通线，可以用钢直尺检查

表6-11　石材吊顶工程安装的允许偏差

项目类型	允许偏差/mm	检验或监察法
表面平整度	1.5	可以用2m靠尺、塞尺来检查或监察
接缝高低差	0.5	可以用直尺、塞尺来检查或监察
接缝平直度	1	可以拉5m线（不足5m拉通线），用尺量来检查或监察
四周水平线	2	可以用尺量来检查或监察

6.2.3 石材地面工程的检验

石材地面工程的检验包括主控项目、一般项目的检验。不同类型的检验项目,具有相应的要求与检验方法,具体见表6-12。

表6-12 石材地面工程的检验

类型	项目	检验方法
主控项目	石材地面工程所用材料、构件的规格、颜色、品种、性能、安装方式等要求	(1) 检查产品合格证书。 (2) 检查复验报告。 (3) 检查进场验收记录。 (4) 检查性能检验报告。 (5) 可以采用观察法
主控项目	石材地面各层间要黏结牢固、无空鼓	(1) 检查施工记录。 (2) 可以用小锤轻击检查
主控项目	石材面层的行进盲道、提示盲道的位置、地面高差位置、拼接、缝隙等要求	(1) 检查施工记录。 (2) 可以采用尺量法。 (3) 可以采用观察法
主控项目	防滑处理的要求	(1) 检查测试记录。 (2) 可以采用观察法
一般项目	(1) 石材面层板面无裂纹、无掉角等缺陷的要求。 (2) 石材面层的洁净性、色泽一致性、图案清晰性的要求。 (3) 石材面层密缝法接缝应无错缝、嵌缝饱满的要求。 (4) 石材面层拼花的要求。 (5) 石材面层镶边用料尺寸准确、拼接严密顺直性的要求	可以采用观察检查
一般项目	(1) 基层与踢脚板结合牢固性要求。 (2) 基层与踢脚板面层表面洁净性、颜色一致性要求。 (3) 踢脚板板块出墙高度、厚度一致要求。 (4) 踢脚板上口平直性、拼缝严密性要求	(1) 可以采用尺量法。 (2) 可以采用观察法

续表

类型	项目	检验方法
一般项目	(1) 石材面层表面坡度的要求。 (2) 石材面层与地漏结合处严密性要求。 (3) 石材面层与管道结合处无渗漏性要求	(1) 可以采用观察法。 (2) 可以采用水平尺检查法
	卫浴间、厨房与有排水要求的建筑地面面层标高差的要求	(1) 可以采用尺检查法。 (2) 可以采用观察法

石材地面面层的参考允许偏差见表6-13。板块地面面层的允许偏差见表6-14。

表6-13　石材地面面层的参考允许偏差

项目	允许偏差/mm					检验方法
	天然石材				人造石材	
	条石	块石	大理石和花岗石	拼花和马赛克	岗石石英石	
接缝高低差	2	—	0.5	—	0.5	可以用直尺和楔形塞尺检查
踢脚线上口平直	—	—	1	1	1	可以拉5m线和用钢尺检查
板块间隙宽度	5	—	1	—	1	可以用钢尺检查
表面平整度	10	10	1	3	1	可以用2m靠尺和楔形塞尺检查
缝格平直度	8	8	2	—	2	可以拉5m线和用钢尺检查

表6-14　板块地面面层的允许偏差

项目	陶瓷锦砖、陶瓷地砖面层允许偏差/mm	碎拼大理石、碎拼花岗石面层允许偏差/mm	检验或监察方法
板块间隙宽度	2	—	可以用直尺来检查或监察

续表

项　目	陶瓷锦砖、陶瓷地砖面层允许偏差/mm	碎拼大理石、碎拼花岗石面层允许偏差/mm	检验或监察方法
表面平整度	1.5	2	可以用2m靠尺、塞尺来检查或监察
缝格平直	2	—	可以拉5m线、用直尺来检查或监察
接缝高低差	0.5	—	可以用直尺、塞尺来检查或监察
踢脚线上口平直	2	1	可以拉5m线、用直尺来检查或监察

石材地面面层缝隙要求、表面平整度实例如图6-1所示。

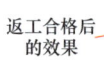

图6-1 石材地面面层缝隙要求、表面平整度实例

6.2.4 石材护理工程的检验

石材护理工程的检验包括主控项目、一般项目的检验。不同类型的检验项目，具有相应的要求与检验方法，具体见表 6-15。

表 6-15　　石材护理工程的检验（供参考）

类型	项目	要求与检验方法
主控项目	石材防护工程	(1) 单个工程面积不大于 1000m² 时，轻微透水率不得大于 5%，不得出现严重透水。 (2) 单个工程面积大于 1000m² 时，轻微透水率不得大于 5%。 (3) 单个工程面积大于 1000m² 时，严重透水率不得大于 2%。 (4) 石材防护后不得明显改变石材表面原有的光泽、原有的颜色、原有的纹理等特征。 (5) 石材防护后需要符合设计、规范的要求。 (6) 同时出现轻微透水与严重透水时，严重透水率不得大于 1%，轻微透水率不得大于 3%
	石材整体研磨工程	(1) 缝中的填缝剂要饱满密实。 (2) 接缝应无锯齿边、无黑边、无崩角的要求。 (3) 接缝与两边石材面要持平的要求。 (4) 施工范围内整体平整度要达到要求。 (5) 整体研磨抛光后的大理石光泽度一般要为 70 光泽单位。 (6) 整体研磨抛光后的花岗岩光泽度一般要为 80 光泽单位
	石材晶硬工程	(1) 表面光泽度不应低于国家现行有关石材有关标准、规定等要求。 (2) 晶硬处理不得有明显改变石材的颜色。 (3) 晶硬处理干态摩擦系数不得低于 0.5。 (4) 石材表层应有透明的质感
一般项目	石材防护工程	(1) 渗透型石材防护剂渗入石材的平均深度要达到有关标注。 (2) 石材表面应无明显的防护剂残留痕迹、粉尘等污迹。 (3) 石材表面应无磨痕、无擦痕、无划伤等损伤。 (4) 石材侧面、底面应采用底面型防护，不得有穿透防护层的损伤

续表

类型	项目	要求与检验方法
一般项目	石材晶硬工程	(1) 结晶硬化处理不得对石材造成腐蚀等损伤。 (2) 结晶硬化处理不得明显改变石材颜色。 (3) 石材表面光泽要清晰一致。 (4) 石材表面无粉尘。 (5) 石材表面无明显的晶硬剂残留痕迹。 (6) 石材表面应无磨痕、无擦痕、无划伤等损伤
	石材防滑工程	(1) 不得明显改变石材颜色。 (2) 防滑剂不得对石材造成腐蚀等损伤。 (3) 石材表面色泽要均匀一致。 (4) 石材表面应无明显的防滑剂残留痕迹。 (5) 石材表面应无磨痕、无擦痕、无划伤等损伤
	石材整体研磨工程	(1) 边角、磨过与没有磨过交接处平整度过度平缓。 (2) 光泽度目测要透彻。 (3) 正视、侧视、顺光、逆光下目测,不得有明显划痕、磨痕等损伤

6.2.5 石材幕墙的检验

石材幕墙安装的允许偏差见表 6-16。

表 6-16　　　　石材幕墙安装的允许偏差

项　　目	允许偏差/mm	检验或监察方法
立柱、竖缝直线度	3	可以用 2m 靠尺、塞尺来检查或监察
横向板材水平度（≤2000mm）	2	可以用水平仪来检查或监察
横向板材水平度（>2000mm）	3	可以用水平仪来检查或监察
同高度两相邻横向构件高度差	1	可以用金属直尺、塞尺来检查或监察
分格框对角线差（分格框的长边长度≤2000mm）	2	可以用对角线尺、3m 钢卷尺来检查
分格框对角线差（分格框的长边长度>2000mm）	2.5	可以用对角线尺、3m 钢卷尺来检查

续表

项　目	允许偏差/mm	检验或监察方法
幕墙水平度（层高）	2	可以用2m靠尺、金属直尺来检查或监察
竖缝直线度（层高）	2.5	可以用2m靠尺、金属直尺来检查或监察
横缝直线度（层高）	2.5	可以用2m靠尺、金属直尺来检查或监察
缝宽度（与设计值比较）	±2	可以用卡尺来检查或监察
幕墙垂直度（30m＜幕墙高度≤60m）	10	可以用激光经纬仪、经纬仪来检查
幕墙垂直度（60m＜幕墙高度≤90m）	15	可以用激光经纬仪、经纬仪检查
幕墙垂直度（幕墙高度＞90m）	20	可以用激光经纬仪、经纬仪来检查
幕墙横向水平度（层高≤3m）	3	可以用水平仪来检查或监察
幕墙横向水平度（层高＞3m）	5	可以用水平仪来检查或监察
竖缝、墙面垂直缝垂直度（层高≤3m）	2	可以用激光经纬仪、经纬仪来检查
竖缝、墙面垂直缝垂直度（层高＞3m）	3	可以用激光经纬仪、经纬仪来检查
幕墙垂直度（幕墙高度≤30m）	8	可以用激光经纬仪、经纬仪来检查或监察

6.2.6　仿古建工程石构件安装的检验

仿古建工程石构件安装的允许偏差见表6-17。

表6-17　仿古建工程石构件安装的允许偏差

项目类型	允许偏差/mm	检验或监察方法
截头方正	2	可以用方尺套方（异形角度用活尺）、尺量端头偏差
石活与墙身进出错缝（只检查需要在同一平面者）	1	短平尺贴于石料表面，可以用塞尺来检查或监察相邻处

续表

项目类型	允许偏差/mm	检验或监察方法
台阶、阶条、地面等大面平整度	4	可以用1m靠尺、塞尺来检查或监察
台明标高	5	可以用水准仪、尺量来检查或监察
外棱直顺	3	可以拉3m线（不足3m拉通线），用尺量来检查或监察
相邻石出进错缝	1	短平尺贴于石料表面，可以用塞尺来检查或监察相邻处
相邻石高低差	1	短平尺贴于石料表面，可以用塞尺来检查或监察相邻处
轴线位移	3	可以用经纬仪、尺量来检查或监察
柱顶石标高	+3 负值不允许	可以用水准仪、尺量来检查或监察
柱顶石水平程度	2	可以用水平尺、塞尺来检查或监察

6.2.7 仿古建工程仿古面砖镶贴的检验

仿古建工程仿古面砖镶贴的允许偏差见表6-18。

表6-18　仿古建工程仿古面砖镶贴的允许偏差

项目类型	允许偏差/mm	检验或监察方法
表面垂直度	4	可以吊线、尺量来检查或监察
表面平整度	3	可以用2m靠尺、塞尺来检查或监察
仿干摆墙相邻砖表面高低差	0.5	短平尺贴于表面，可以用塞尺来检查或监察，抽查目测的最大偏差处
仿丝缝墙灰缝厚度（3～4mm）	1	可以用尺量检查，抽查经目测的最大灰缝
仿丝缝墙面游丁走缝（2m以下）	3	以底层第一皮砖为准，可以用吊线、尺量来检查或监察

续表

项目类型	允许偏差/mm	检验或监察方法
仿丝缝墙面游丁走缝（5m以下）	6	以底层第一皮砖为准，可以吊线、尺量来检查或监察
水平灰缝平直度（2m内）	2	可以拉2m线，用尺量来检查或监察
水平灰缝平直度（2m外）	3	可以拉5m线（不足5m拉通线），用尺量来检查或监察
相邻砖接缝高低差	1	抽查经目测的最大偏差处，可以用尺量来检查或监察
阳角方正	2	可以用方尺、塞尺来检查或监察

6.2.8 仿古建工程石砌体的检验

仿古建工程石砌体的允许偏差见表6-19。

表6-19　仿古建工程石砌体的允许偏差

项目类型	细料石（方正石、条石）允许偏差/mm	虎皮石允许偏差/mm	检验或监察方法
顶面标高	8	±15	可以用水准仪、尺量来检查或监察
墙面垂直度	5	10	可以吊线、尺量来检查或监察
墙面平整度	6	20	虎皮石可以用2m直尺平行靠墙，尺间拉2m线，用尺量来检查或监察。细料石可以用2m靠尺、塞尺来检查或监察
水平灰缝平直度	3	—	可以拉3m线，用尺量来检查或监察
轴线位移	8	10	可以用经纬仪、拉线尺量来检查或监察

6.2.9 石栏杆安装的检验

石栏杆安装的允许偏差见表6-20。

表 6-20　　　　　　　　石栏杆安装的允许偏差

名　称	项　目	粗料石允许偏差/mm	细料石允许偏差/mm	检验或监察方法
花纹曲线	弧度吻合	1	0.5	可以用样板、尺量来检查
石拦板、扶手	轴线位移	2	2	可以用尺量检查
石拦板、扶手	榫卯接缝	3	1	可以用尺量检查
石拦板、扶手	垂直度	2	1	可以用尺量、吊线来检查
石拦板、扶手	相邻两块高差	2	1	可以用楔形塞尺、直尺来检查
石立柱	弯曲	±3	±2	可以用拉线、尺量来检查
石立柱	平整度	±5	±4	可以用楔形塞尺、2m 直尺来检查
石立柱	扭曲	±3	±5	可以用拉线、尺量来检查
石立柱	标高	±10	±5	可以用水准仪、尺量来检查
石立柱	垂直度	4	2	可以用吊线、尺量来检查

6.3　石材清洗方法

石材清洗的方法见表 6-21。

表 6-21　　　　　　　　石材清洗的方法

方法	解　说
表石雕牌坊、石栏杆面活性剂清洗	清洗水磨石、大理石等石质地板表面污垢，可以选择表石雕牌坊、石栏杆面活性剂来清洗。表面活性剂有离子型、非离子型等种类
电化学清洗	电化学清洗就是借助两极板间的电场力使污垢中的离子、极性分子根据一定规律运动，或者促使发生电化学反应，使污染物脱附、移动、发生化学变化而达到清洗的目的
碱清洗	碱清洗是利用碱性化学药剂的皂化、乳化等功能，进行疏松、分散污垢。常用的碱溶液有氢氧化钠、碳酸钠等

续表

方法	解　说
溶剂清洗	溶剂清洗就是利用溶剂对污物的溶解能力进行清洗的目的
生物化学清洗	生物化学清洗就是针对生物污染物的清洗方法
石雕牌坊、石栏杆络合剂清洗	石雕牌坊、石栏杆络合剂清洗，也就是利用络合剂对各种成垢金属离子的络合作用或螯合作用，使之生成可溶性的络合物而进行清洗
酸清洗	花岗岩等石材的清洗，有的采用酸清洗

6.4　石材维护保养与护理知识

6.4.1　石材维护保养

石材的维护保养要配置必要的设施、工具、材料，甚至是必要的专业工具。石材的维护保养可以日常化，以及根据石材使用情况及时调整相应的措施。

石材的维护保养要避免大改大拆大动，避免破坏石材原有的装饰风格。

使用中，要保持石材干燥清洁，避免石材受到浸水损伤、接触腐蚀性物质、受到剧烈的温度变化，以及注意维护石材的光泽。

维护保养中，要避免损伤石材饰面。维护保养中，一般禁止用水冲洗，禁止使用腐蚀性、污染性的保养材料，以及不宜采用蜡质保养材料进行石材维护。

使用的维护保养材料，应要根据其说明进行使用。有的需要局部试验，并且只有试验效果良好且没有不良影响后才能够大面积使用。

如果石材饰面出现污物,则应及时清除表面污物。如果石材饰面出现污染病变时,要及时隔离。如果石材饰面出现损伤病变时,要及时修复。如果石材的防护效果显著减退,要及时护理。如果石材的防护寿命到期,也要及时护理。如果个别石材发现翘曲、破损等病变,应及时修补或更换。如果石材表面需要研磨且磨削的厚度大于石材原有防护层厚度时,则研磨后要重新防护。

石材维护保养的一些规定见表6-22。

表6-22　　　　　石材维护保养的一些规定

项目	规　定
石材日常维护保养	(1) 清洁材料的使用要适量、要适时。 (2) 清洁石材表面残留的清洁液体要及时清除。 (3) 石材产生病变时,要及时找出病因,以及消除病变的根源
墙面石材的维护与保养	(1) 墙面石材病变处理后,可以再次进行晶硬护理。 (2) 墙面石材清洁,可以选择石材抛光粉来处理。 (3) 墙面石材张贴的装饰品等遗留下来的胶粘痕迹,要及时用石材除油除胶剂清除掉
地面石材的维护与保养	(1) 地面石材出现严重污染、损伤、磨损等病变,要及时进行修复与护理。 (2) 地面石材的维护保养,可以定期进行。 (3) 地面石材的维护保养一般要采用专用工具进行。 (4) 地面石材受到污染时,要及时清除污染物,并且选择适当的清洁剂清洗。 (5) 对于石材容易出现水斑、锈斑、反碱等病变的区域要加强维护保养

6.4.2　石材护理知识

石材的护理包括石材加工后的清洗、病症治理、修补、色差处理、防护等工作。石材护理,一般要选择在无烈日暴晒、无雨水、通风良好的场所。如果护理时选用溶剂型石材护理剂,需要远离火源。

一般的灰尘、杂物，可以采用清水冲洗。特殊污迹、病症，则需要采用专用清洗剂进行相应的处理。

石材的修补材料、修补工艺，应根据石材的品种、花纹、颜色、缺陷特点来进行选择。

石材的防护剂的施涂次数与方法要根据防护剂的说明与石材的要求来确定。

渗透型防护剂渗入石材的平均深度的选取，可以参考表 6-23。

表 6-23　　渗透型防护剂渗入石材的平均深度的选取

石材类型	花岗石	石灰石	板岩	大理石	砂岩
渗入参考深度/mm	≥1.5	≥1	≥1	≥1	≥5

6.4.3　幕墙的保护清洗与保养维修

幕墙施工中，其表面的黏附物需要及时清除；对幕墙的构件面板等，需要采取保护措施。幕墙安装完成后，要根据清洁方案进行清扫。清洗幕墙时，选择的清洁剂要符合要求。

金属与石材幕墙工程竣工验收后，一般要制定幕墙的保养、维修计划制度，以及定期对幕墙进行保养维修。

幕墙的保养清洗每年至少应有一次。

正常使用时，幕墙应每隔 5 年进行一次全面的检查。对幕墙进行保养维修时，机具设备应采用操作方便、安全可靠的，不得在 4 级以上风力或大雨天气进行幕墙外侧的检查保养与维修作业。幕墙保养与维修作业中，凡是属于高处作业的情况必须遵守《建筑施工高处作业安全技术规范》（JGJ 80—2016）等有关规定。

幕墙维修的一些对策见表 6-24。

表 6-24　　　　　幕墙维修的一些对策

异 常 情 况	维 修 对 策
板材破损	及时修补与更换

续表

异 常 情 况	维 修 对 策
板材松动	及时修补与更换
连接件锈蚀	除锈补漆或更换连接件
连接件与主体结构的锚固松动或脱落	及时更换或采取措施加固修复
螺栓松动	及时拧紧
密封胶或密封条脱落、损坏	及时修补与更换
幕墙排水系统堵塞	及时疏通
墙构件和连接件损坏	及时更换
五金件有脱落、损坏、功能障碍	及时更换和修复

参 考 文 献

[1] CJJ/T 188—2012 透水砖路面技术规程.
[2] GB 28635—2012 混凝土路面砖.
[3] GB/T 25993—2010 透水路面砖和透水路面板.
[4] GB/T 26001—2010 烧结路面砖.
[5] NY/T 671—2003 混凝土普通砖和装饰砖.
[6] DBJ 01-45—2000 北京市城市道路工程施工技术规程.
[7] DBJ/T 13-173—2013 树池透水彩石应用技术规程.
[8] 15MR203 城市道路——人行道铺砌.
[9] 16MR204 城市道路——透水人行道铺设.
[10] 05MR404 城市道路（路缘石）.
[11] CECS 422—2015 建筑装饰室内石材工程技术规程.
[12] JGJ 133—2001 金属与石材幕墙工程技术规范.
[13] 03J 103-2～7 建筑幕墙.
[14] 阳鸿钧，阳育杰，等. 学石材铺挂安装技术超简单. 北京：化学工业出版社.